W0413485

LS 9/10 Kompakt

LAMBACHER SCHWEIZER

von
Hartmut Schermuly, Wuppertal

Ernst Klett Verlag
Stuttgart Düsseldorf Leipzig

An der Entstehung dieses Werkes waren beteiligt: Dr. Detlef Lind, Wuppertal; Angelika Müller, Aachen; Dr. Wolfgang Riemer, Pulheim; Hartmut Schermuly, Wuppertal; Dr. Ingo Weidig, Landau; Dr. Peter Zimmermann, Speyer

Liebe Schülerin, lieber Schüler,

dieses Heft soll dir helfen, dich an wichtige mathematische Inhalte, die du in den Klassenstufen 9 und 10 gelernt hast, zu erinnern. Hier kannst du vergessene Formeln schnell finden und dein Wissen wieder auffrischen.
Im Lambacher-Schweizer Kompakt sind die wichtigsten Merksätze und Rechenregeln aufgeführt. Zu jedem Thema findest du neue Beispiele. Diese Beispiele sind vollständig bearbeitet.
Die in *kursiv* geschriebenen Hinweise helfen dir, den Lehrstoff schnell in Erinnerung zu rufen und typische Fehler zu vermeiden.
Am Ende des Buches findest du ein ausführliches Register.
Wenn du zum Beispiel nicht mehr weißt, wie der Kathetensatz lautet, gehe so vor:

1. Suche im alphabetisch angeordneten Register das Wort Kathetensatz.
2. Hinter dem Wort Kathetensatz steht die Seitenzahl, auf der du den Kathetensatz findest.
3. Lies den Kathetensatz nach und sieh dir die Beispiele dazu an. Rechne nach.

Vielleicht vermisst du das Kapitel „Lineare Gleichungen“? Da dieser Stoff in vielen Bundesländern schon vor der Klassenstufe 9 unterrichtet wird, haben wir uns entschlossen ihn in den Band Lambacher-Schweizer Kompakt 7/8 aufzunehmen.

Wir wünschen dir beim Arbeiten mit diesem Nachschlagewerk viel Spaß.

9 783127 307559

1. Auflage € 1 13 12 11 10 | 2010 2009 2008

Dieses Werk folgt der reformierten Rechtschreibung und Zeichensetzung.
Alle Drucke dieser Auflage können im Unterricht nebeneinander benutzt werden, sie sind untereinander unverändert. Die letzte Zahl bezeichnet das Jahr dieses Druckes.
© Ernst Klett Verlag GmbH, Stuttgart 2000.
Alle Rechte vorbehalten.
Internetadresse: http://www.klett-verlag.de

Zeichnungen: U. Bartl, Weil der Stadt; R. Hungreder, Leinfelden;
Bertron & Schwarz, W. Müller, Schwäbisch Gmünd
Fotos: Deutsches Museum, München: S. 19, 37; Cira Moro, Stuttgart: S. 20, 45
Umschlaggestaltung: Alfred Marzell, Schwäbisch Gmünd
DTP-Satz: topset Computersatz, Nürtingen
Repro: H & N Repro, Stuttgart
Druck: SCHNITZER DRUCK GmbH, Korb. Printed in Germany.

ISBN 3-12-730755-1

Inhaltsverzeichnis

I Reelle Zahlen

1 Intervallschachtelungen und reelle Zahlen

Alle Zahlen, die auf der Zahlengeraden zu der Strecke von a nach b gehören, bilden das **Intervall** [a; b]. Die Länge des Intervalls [a; b] ist $|b - a|$.

Zur Definition und Eigenschaften von Quadratwurzeln siehe Seite 7.

$\sqrt{2}$ liegt im Intervall	weil
[1; 2]	$1^2 < 2 < 2^2$
[1,4; 1,5]	$1{,}4^2 < 2 < 1{,}5^2$
[1,41; 1,42]	$1{,}41^2 < 2 < 1{,}42^2$
[1,414; 1,415]	$1{,}414^2 < 2 < 1{,}415^2$
[1,4142; 1,4143]	$1{,}4142^2 < 2 < 1{,}4143^2$
...	...

Die Intervalle dieser Tabelle schachteln $\sqrt{2}$ immer enger ein, d. h.
- jedes Intervall liegt in dem vorherigen
- ihre Längen werden immer kleiner
- in allen Intervallen liegt $\sqrt{2}$.

Eine solche Folge von Intervallen nennt man eine **Intervallschachtelung**, wenn dabei die Intervalllängen beliebig klein werden. „Beliebig klein“ bedeutet hier: Zu jeder noch so kleinen positiven Zahl gibt es ein Intervall kleinerer Länge. In allen Intervallen einer Intervallschachtelung kann immer nur eine Zahl liegen, denn gäbe es noch eine Zahl b ($\neq$ a) in allen Intervallen, dann könnten die Intervalllängen $|b - a|$ nicht unterschreiten.

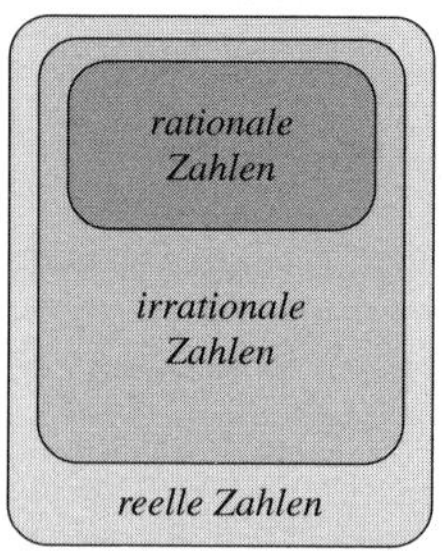

Rationale Zahlen lassen sich als abbrechende oder nicht-abbrechende periodische Dezimalbrüche darstellen.
Zahlen, die sich durch nicht-abbrechende, nicht-periodische Dezimalbrüche darstellen lassen, heißen **irrationale Zahlen**. Sie lassen sich mit beliebiger Genauigkeit durch rationale Zahlen annähern.
Rationale und irrationale Zahlen bilden zusammen die Menge der **reellen Zahlen**.
Sie wird mit $\mathbb{R}$ bezeichnet.

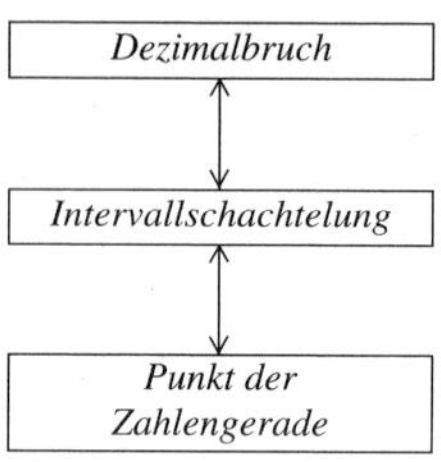

Reelle Zahlen kann man darstellen:
- als Dezimalbrüche
- als Intervallschachtelungen
- als Punkte der Zahlengeraden.

Umgekehrt kann man zu jedem Punkt der Zahlengeraden eine Intervallschachtelung angeben und auch einen Dezimalbruch finden. So entspricht jeder Punkt der Zahlengerade einer reellen Zahl.

Beispiel

Gib fünf Intervalle einer Intervallschachtelung für die reellen Zahlen an.

a) $\frac{5}{7}$ b) 2,34 c) $\sqrt{7}$ d) 4,252 255 222 555 2...

Lösung:

a) $\frac{5}{7} = 0{,}\overline{714\,285}$.
Also liegt $\frac{5}{7}$ z. B. in [0; 1], [0,7; 0,8], [0,71; 0,72], [0,714; 0,715], [0,7142; 0,7143].

b) 2,34 liegt z. B. in [2; 3], [2,3; 2,4], [2,339; 2,34], [2,3399; 2,34], [2,339 99; 2,34].
Die durch eine Intervallschachtelung dargestellte Zahl kann auch „Randpunkt“ von Intervallen der benutzen Intervallschachtelungen sein.

Beachte:
Jede natürliche Zahl ist auch eine ganze Zahl, jede ganze Zahl ist auch eine rationale Zahl, jede rationale Zahl ist auch eine reelle Zahl:
$\mathbb{N} \subseteq \mathbb{Z} \subseteq \mathbb{Q} \subseteq \mathbb{R}$.

c) *Der Taschenrechner liefert als Näherung für die irrationale Zahl* $\sqrt{7} \approx 2{,}645\,751\,3$.
Also liegt $\sqrt{7}$ z. B. in [2; 3], [2,6; 2,7], [2,64; 2,65], [2,645; 2,646], [2,6457; 2,6458].

d) 4,252 255 222 555 2... liegt in [4; 5], [4,2; 4,3], [4,25; 4,256], [4,252; 4,253], [4,2522; 4,252 26].
Beachte: 4,252 255 222 555 2... *ist ein nicht-abbrechender, nicht-periodischer Dezimalbruch, die Zahl* 4,252 255 222 555 2... *ist also irrational.*

2 Rechnen mit reellen Zahlen

Reelle Zahlen lassen sich als Punkte von Zahlengeraden darstellen. Damit ist es möglich, die Addition und Multiplikation reeller Zahlen geometrisch zu erklären.

Addition:
Die Figur zeigt das Beispiel einer Summe $a + b$ für $a > 0$ und $b < 0$.

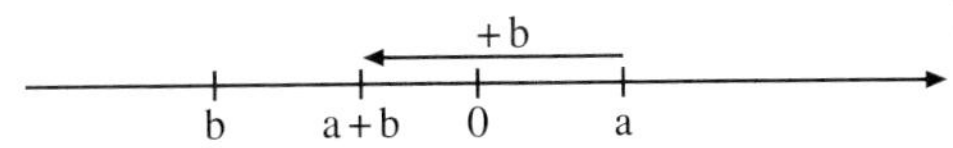

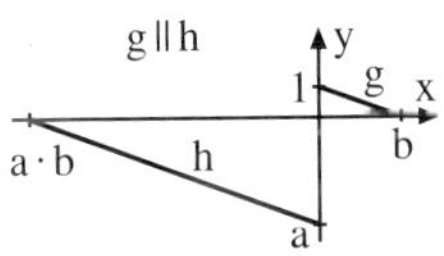

Die Figur zeigt das Produkt aus einer negativen Zahl a und einer positiven Zahl b.

Multiplikation:
Das Produkt $a \cdot b$ zweier reeller Zahlen kann man geometrisch so darstellen: Markiere b auf der x-Achse, zeichne eine Gerade g durch b und durch 1 auf der y-Achse. Markiere a auf der y-Achse und zeichne eine Gerade h parallel zu g durch a. Die Gerade h schneidet die x-Achse bei $a \cdot b$.

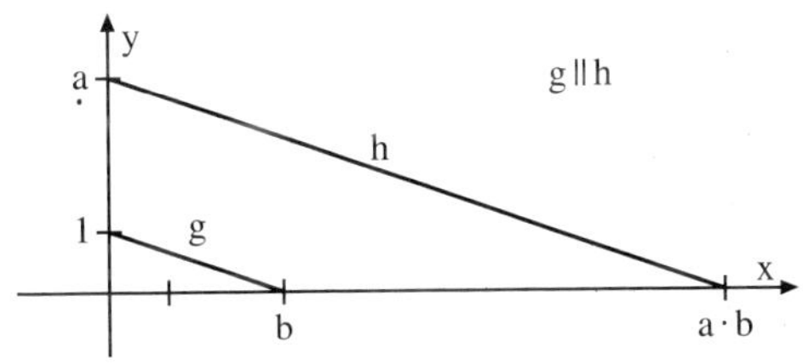

Die geometrische Darstellung der Addition und Multiplikation reeller Zahlen beruht auf der entsprechenden Darstellung bei rationalen Zahlen. Damit übertragen sich auch die algebraischen Eigenschaften der rationalen Zahlen auf die reellen Zahlen.

Auch in der Menge $\mathbb{R}$ der reellen Zahlen gelten:
das **Kommutativgesetz** der Addition und der Multiplikation;
Für alle reellen Zahlen a, b gilt: $a + b = b + a$ und $a \cdot b = b \cdot a$.
das **Assoziativgesetz** der Addition und Multiplikation;
Für alle reellen Zahlen a, b, c gilt: $a + (b + c) = (a + b) + c$ und $a \cdot (b \cdot c) = (a \cdot b) \cdot c$.
das **Distributivgesetz**;
Für alle reellen Zahlen a, b, c gilt: $a \cdot (b + c) = a \cdot b + a \cdot c$.
und die **Monotoniegesetze**;
Für alle reellen Zahlen a, b, c gilt: wenn $a < b$, dann ist $a + c < b + c$,
wenn $a < b$ und $c > 0$, dann ist $a \cdot c < b \cdot c$,
wenn $a < b$ und $c < 0$, dann ist $a \cdot c > b \cdot c$.

Beispiel 1
Bestimme zeichnerisch $3 \cdot \sqrt{2}$.
Lösung:
Zeichnung siehe nebenstehende Figur.
Wählt man den Abstand zwischen 0 und 1 genau mit 1 cm, so kann man mit dem Lineal eine Näherung für $3 \cdot \sqrt{2}$ *ablesen:*
$3 \cdot \sqrt{2} \approx 4{,}4$.

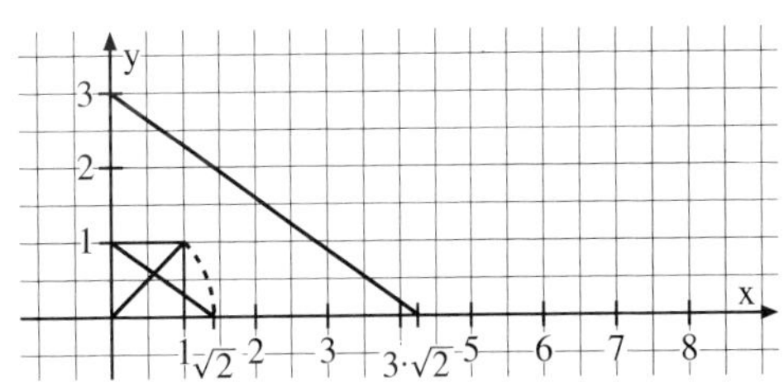

Beispiel 2
Bestimme zeichnerisch $\sqrt{2} : 2{,}5$.
Lösung:
Setze in der Figur rechts
$a \cdot b = \sqrt{2}$; $a = 2{,}5$,
dann ist
$b = (a \cdot b) : a = \sqrt{2} : 2{,}5$.
Durch Zeichnen der parallelen Geraden durch $(0|1)$ ergibt sich $\sqrt{2} : 2{,}5 \approx 0{,}57$.

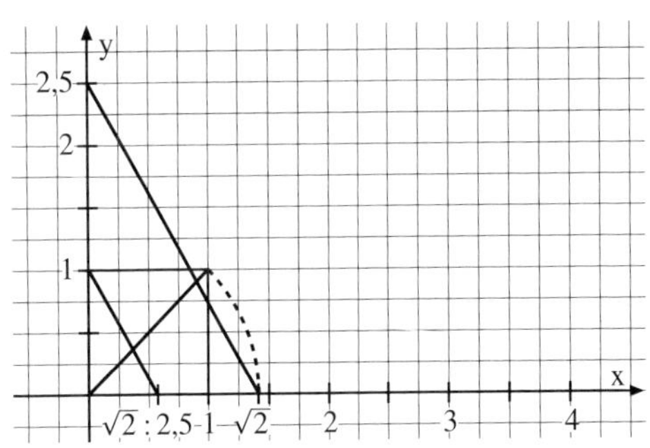

3 Rechnen mit Näherungswerten – Längen und Flächeninhalte mit reellen Maßzahlen

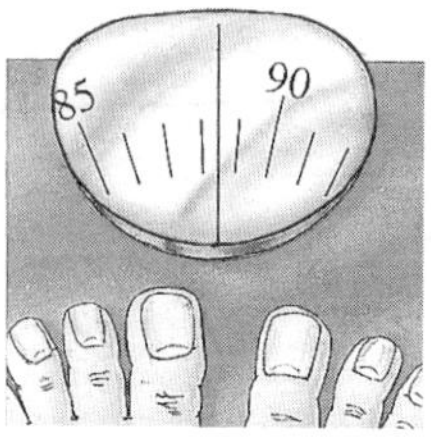

Beim Messen und beim praktischen Umgang mit irrationalen Zahlen, z. B. mit dem Taschenrechner, wird mit rationalen Zahlen als **Näherungswerten** gearbeitet.

Eine **Summe (Differenz)** von Näherungswerten wird auf so viele **Nachkommastellen** gerundet, wie der ungenaueste Näherungswert aller Summanden aufweist.

Ein **Produkt (Quotient)** wird auf so viele **geltende Ziffern** gerundet wie der Näherungswert des Faktors mit der kleinsten Anzahl geltender Ziffern.

*Unter **geltenden Ziffern** eines Näherungswertes versteht man die von links her erste von 0 verschiedene Ziffer und alle (nach rechts) folgenden „zuverlässigen" Ziffern. Zum Beispiel hat 0,0**401** drei und **3,4** zwei geltende Ziffern.*

Beispiel 1

Berechne die Summe der Näherungswerte: 0,73 m; 13,4 m; 1,875 m

Lösung:

Die ungenaueste Angabe ist 13,4 m, also muss die Summe auf Zehntel gerundet werden.

0,84 m + 13,4 m + 1,872 m = 16,115 m ≈ 16,1 m

*Denke daran: Bei der Addition und der Subtraktion musst du auf die **Stellen** achten, bei der Multiplikation und Division auf die **Zahl der geltenden Ziffern**.*

Beispiel 2

Ein Rechteck ist 0,77 m lang und 2,68 m breit. Berechne seinen Flächeninhalt.

Lösung:

0,77 hat 2 geltende Ziffern, 2,68 hat 3 geltende Ziffern. Also ist das Ergebnis auf 2 geltende Ziffern zu runden.

$A = 0{,}77\,\text{m} \cdot 2{,}68\,\text{m} = 2{,}0636\,\text{m}^2 \approx 2{,}1\,\text{m}^2$.

Der Flächeninhalt des Rechtecks beträgt $2{,}1\,\text{m}^2$.

Auch für Rechtecke, deren Seitenlängen a, b irrationale Maßzahlen haben, gilt für den Flächeninhalt A die Formel $\mathbf{A = a \cdot b}$.
Entsprechend übertragen sich auch die Formeln für die Flächeninhalte der übrigen Flächen.

Beispiel 3

Ein Rechteck ist 21,02 cm breit. Die Länge ist um den Faktor $\sqrt{2}$ länger. Berechne den Flächeninhalt des Rechtecks.

Lösung:

21,02 hat 4 geltende Ziffern, also ist mit 4 geltenden Stellen zu rechnen.

$21{,}02 \cdot \sqrt{2} \approx 29{,}72$; $21{,}02 \cdot 29{,}72 = 624{,}7144 \approx 624{,}8$.

Der Flächeninhalt des Rechtecks beträgt ungefähr $624{,}8\,\text{cm}^2$.

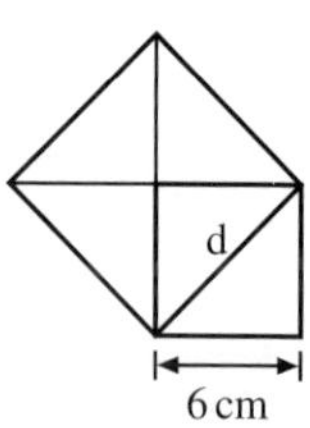

Beispiel 4

Ein Quadrat hat eine Seitenlänge von 6 cm. Bestimme mithilfe des Flächeninhalts die Länge der Diagonale d.

Lösung:

Das Quadrat über der Diagonalen d hat den doppelten Flächeninhalt wie das Quadrat mit der Seitenlänge 6 cm. (Beachte die Figur links.)

Es gilt also: $d^2 = 2 \cdot 6^2\,\text{cm}^2$, $d = \sqrt{72}\,\text{cm} \approx 8{,}5\,\text{cm}$.

II Quadratwurzeln

1 Quadrieren und Wurzelziehen – Terme mit Quadratwurzeln

Radizieren kommt von radix (lat.): Wurzel (wie auch das Wort Radieschen).

Wird eine Zahl a mit sich selbst multipliziert, so nennt man das **Quadrieren** der Zahl a. Beim **Wurzelziehen** (oder Radizieren) ist eine nicht-negative Zahl gesucht, die beim Quadrieren die Ausgangszahl ergibt.

Von einer Zahl a gibt es höchstens eine Quadratwurzel.

> Wenn für Zahlen a und x mit $x \geqq 0$ gilt:
> $x^2 = a$, dann nennt man x die **Quadratwurzel** von a.
> Man schreibt $x = \sqrt{a}$ (lies: Wurzel aus a).

$\sqrt{0} = 0$

$\sqrt{1} = 1$

Beispiel 1

Bestimme alle Zahlen, deren Quadrat 6,25 ist.

Lösung:

Es gibt zwei Zahlen, deren Quadrat 6,25 ist: $(+2{,}5)^2 = 6{,}25$ und $(-2{,}5)^2 = 6{,}25$.

Von diesen beiden Zahlen ist aber nur $2{,}5 = \sqrt{6{,}25}$, *da* $2{,}5 \geqq 0$.

$\sqrt{x}$, $\sqrt{a^2 + b}$, $\sqrt{x} + \sqrt{y}$, $\sqrt{5} \cdot \sqrt{x + y}$, $3\sqrt{x^2 y}$ sind Beispiele für Terme mit Quadratwurzeln.
In einem Term wie $\sqrt{a}$ heißt a, also der Term unter dem Wurzelzeichen, der **Radikand**.
Zwischen Wurzelziehen und Quadrieren bestehen folgende Zusammenhänge:

Der Term $\sqrt{a}$ ist nur für $a \geqq 0$ definiert, und damit ist auch der Term $(\sqrt{a})^2$ nur für $a \geqq 0$ definiert. Nur für $a \geqq 0$ gilt, dass $\sqrt{a^2} = a$, denn z. B. gilt: $\sqrt{(-5)^2} = 5$.

> 1. Für $a \geqq 0$ gilt $(\sqrt{a})^2 = a$.
> 2. Für alle a gilt $\sqrt{a^2} = |a|$.

Beispiel 2

Forme in einen Term ohne Wurzelzeichen um.

a) $\sqrt{(-7)^2}$ b) $\sqrt{36\,a^2 b^2}$ c) $\sqrt{93\,c^2 + 132\,c^2}$ d) $\sqrt{36\,r^2 - 24\,rs + 4\,s^2}$

Lösung:

a) $\sqrt{(-7)^2} = |-7| = 7$.

b) *Schreibe den Radikanden zuerst als Quadrat.* $\sqrt{36\,a^2 b^2} = \sqrt{(6\,ab)^2} = |6\,ab|$.

c) *Fasse den Radikanden zuerst zusammen.*

$\sqrt{93\,c^2 + 132\,c^2} = \sqrt{225\,c^2} = \sqrt{(15\,c)^2} = |15\,c| = 15|c|$

d) *Der Radikand lässt sich mithilfe der zweiten binomischen Formel in ein Quadrat umformen.*

$\sqrt{36\,r^2 - 24\,rs + 4\,s^2} = \sqrt{(6\,r - 2\,s)^2} = |6\,r - 2\,s|$

$\sqrt{a^2} = |a|$

Beispiel 3

Forme den Term in einen Term ohne Wurzelzeichen um und gib die Bedingungen für die Variablen an, unter denen die Umformung gültig ist.

a) $\left(\sqrt{3\,x}\right)^2$ b) $\left(\sqrt{-a}\right)^2$ c) $\left(\sqrt{9\,(5\,a)^2}\right)^2$

Lösung:

Ein Term mit Quadratwurzeln ist nur dann definiert, wenn die Radikanden nicht-negativ sind.

a) $\left(\sqrt{3\,x}\right)^2 = 3\,x$ für $x \geqq 0$ b) $\left(\sqrt{-a}\right)^2 = -a$ für $a \leqq 0$

c) *Forme zuerst den Radikanden um.*

$\left(\sqrt{9\,(5\,a)^2}\right)^2 = \left(\sqrt{9 \cdot 25 \cdot a^2}\right)^2 = \left(\sqrt{225\,a^2}\right)^2 = |15\,a|^2 = 225\,a^2$ für alle a.

2 Multiplizieren und Dividieren von Quadratwurzeln

Für a, b $\geqq 0$ gilt:
1. Die Multiplikationsregel: $\sqrt{a} \cdot \sqrt{b} = \sqrt{a \cdot b}$
2. Die Divisionsregel: $\sqrt{a} : \sqrt{b} = \sqrt{a : b}$ bzw. $\frac{\sqrt{a}}{\sqrt{b}} = \sqrt{\frac{a}{b}}$; $(b \neq 0)$.

Beispiel 1
Berechne die Quadratwurzel ohne Taschenrechner.

a) $\sqrt{5} \cdot \sqrt{20}$ b) $\sqrt{\frac{25}{0{,}04}}$

Lösung:

a) $\sqrt{5} \cdot \sqrt{20} = \sqrt{5 \cdot 20} = \sqrt{100} = 10$ b) $\sqrt{\frac{25}{0{,}04}} = \frac{\sqrt{25}}{\sqrt{0{,}04}} = \frac{5}{0{,}2} = \frac{50}{2} = 25$

Beispiel 2
Vereinfache die Terme. Gib, falls nötig, einschränkende Bedingungen an.

a) $\sqrt{y} \cdot \sqrt{y^3}$ b) $\frac{\sqrt{a b^2}}{\sqrt{a}}$

Lösung:

a) $\sqrt{y} \cdot \sqrt{y^3} = \sqrt{y \cdot y^3} = \sqrt{y^4} = y^2$ für $y \geqq 0$

Die Terme $\sqrt{y}$ und $\sqrt{y^3}$ sind nur für $y \geqq 0$ definiert.

b) $\frac{\sqrt{a b^2}}{\sqrt{a}} = \sqrt{\frac{a b^2}{a}} = \sqrt{b^2} = |b|$ für $a > 0$.

Beispiel 3
Ziehe teilweise die Wurzel.

a) $\sqrt{50}$ b) $\sqrt{2\,570\,000\,000}$ c) $\sqrt{72 v^3}$ für $v \geqq 0$

Lösung:

Zerlege den Radikanden so in Faktoren, dass du aus möglichst vielen dieser Faktoren leicht die Wurzel ziehen kannst.

a) $\sqrt{50} = \sqrt{25 \cdot 2} = 5 \cdot \sqrt{2}$

b) $\sqrt{2\,570\,000\,000} = \sqrt{2570 \cdot 1\,000\,000} = \sqrt{2570} \cdot 1000 \approx 50\,695{,}2$

c) $\sqrt{72 v^3} = \sqrt{2 \cdot 36 \cdot v \cdot v^2} = 6 v \cdot \sqrt{2 v}$

(Hier kann man $\sqrt{v^2}$ zu v vereinfachen, da $\sqrt{72 v^3}$ nur für $v \geqq 0$ definiert ist.)

Beispiel 4
Schreibe als eine Wurzel aus einem Term. Gib ggf. einschränkende Bedingungen an.

a) $5 \cdot \sqrt{7}$ b) $a \cdot \sqrt{b}$ c) $x \sqrt{\frac{y}{x}}$ d) $a : \sqrt{a b}$

Lösung:

a) $5 \cdot \sqrt{7} = \sqrt{25} \cdot \sqrt{7} = \sqrt{25 \cdot 7} = \sqrt{175}$ b) $a \cdot \sqrt{b} = \sqrt{a^2} \cdot \sqrt{b} = \sqrt{a^2 \cdot b}$ für $a \geqq 0$.

c) $x \sqrt{\frac{y}{x}} = \sqrt{x^2} \cdot \sqrt{\frac{y}{x}} = \sqrt{x^2 \cdot \frac{y}{x}} = \sqrt{x y}$ für $x > 0$.

(Die Definitionsmenge des Terms hat sich durch das Kürzen geändert.)

d) $a : \sqrt{a b} = \sqrt{a^2} : \sqrt{a b} = \sqrt{\frac{a^2}{a b}} = \sqrt{\frac{a}{b}}$ für $a > 0$ und $b > 0$.

Die Umformung $a = \sqrt{a^2}$ ist nur für $a \geqq 0$ erlaubt. Damit der Term $\sqrt{a b}$ definiert ist, muss dann $b \geqq 0$ gelten. Da $\sqrt{a b}$ im Nenner steht, muss gelten $a > 0$ und $b > 0$.

3 Addieren und Subtrahieren von Quadratwurzeln

Wurzelterme, in denen Summen oder Differenzen von Quadratwurzeln vorkommen, lassen sich manchmal mithilfe des Distributivgesetzes vereinfachen.

Für alle x, y und $a \geqq 0$ gilt: $x\sqrt{a} + y\sqrt{a} = (x + y)\sqrt{a}$.

Achtung!

$\sqrt{16+9} = \sqrt{25} = 5$,

aber

$\sqrt{16} + \sqrt{9} = 7$.

Das Distributivgesetz lässt sich auch anwenden, um Terme durch Ausmultiplizieren zu vereinfachen. So ist z. B. $\sqrt{5}\,(3 + \sqrt{5}) = 3\sqrt{5} + 5$.

Beispiel 1

Vereinfache a) $3\sqrt{7} + 6\sqrt{7}$ b) $\sqrt{5} - 3\sqrt{5}$ c) $2\sqrt{6} - 4\sqrt{7} - 5\sqrt{6} + 3\sqrt{7}$

Lösung:

a) $3\sqrt{7} + 6\sqrt{7} = (3 + 6)\sqrt{7} = 9\sqrt{7}$

b) $\sqrt{5} - 3\sqrt{5} = (1 - 3)\sqrt{5} = -2\sqrt{5}$

c) *Ordne zuerst nach Wurzeln mit gleichen Radikanden.*

$2\sqrt{6} - 4\sqrt{7} - 5\sqrt{6} + 3\sqrt{7} = 2\sqrt{6} - 5\sqrt{6} - 4\sqrt{7} + 3\sqrt{7} = (2 - 5)\sqrt{6} + (-4 + 3)\sqrt{7} = -3\sqrt{6} - \sqrt{7}$

Beispiel 2

Vereinfache a) $\sqrt{20} + \sqrt{180}$ b) $\sqrt{7} - \sqrt{63}$ c) $\sqrt{48} - 7\sqrt{2} + \sqrt{75}$

Mache zuerst alle Radikanden durch teilweises Wurzelziehen möglichst klein. Ordne dann nach Wurzeln mit gleichen Radikanden und fasse zusammen.

Lösung:

a) $\sqrt{20} + \sqrt{180} = 2\sqrt{5} + 6\sqrt{5} = 8\sqrt{5}$ b) $\sqrt{7} - \sqrt{63} = \sqrt{7} - 3\sqrt{7} = -2\sqrt{7}$

c) $\sqrt{48} - 7\sqrt{2} + \sqrt{75} = 4\sqrt{3} - 7\sqrt{2} + 5\sqrt{3} = 4\sqrt{3} + 5\sqrt{3} - 7\sqrt{2} = 9\sqrt{3} - 7\sqrt{2}$

Beispiel 3

Vereinfache durch Ausklammern. Gib, falls nötig, einschränkende Bedingungen an.

a) $x\sqrt{y} + z\sqrt{y}$ b) $\sqrt{a} + \sqrt{ab}$ c) $\sqrt{rs} + \sqrt{rt}$ d) $\sqrt{2a^2} + \sqrt{8}$

Lösung:

a) $x\sqrt{y} + z\sqrt{y} = (x + z)\sqrt{y}$ b) $\sqrt{a} + \sqrt{ab} = \sqrt{a}\left(1 + \sqrt{b}\right)$

c) $\sqrt{rs} + \sqrt{rt} = \sqrt{r}\left(\sqrt{s} + \sqrt{t}\right)$. Diese Umformung ist nur für $r, s, t \geqq 0$ gültig.

d) *Vereinfache die Radikanden zuerst duch teilweises Wurzelziehen.*

$\sqrt{2a^2} + \sqrt{8} = |a|\sqrt{2} + 2\sqrt{2} = (|a| + 2)\sqrt{2}$

Beispiel 4

Vereinfache durch Ausmultiplizieren.

a) $\left(5 + \sqrt{3}\right)\sqrt{3}$ b) $\left(3 - \sqrt{5}\right)^2$ c) $\left(5 - \sqrt{7}\right)\left(5 + \sqrt{7}\right)$

Binomische Formeln

(1) $(a + b)^2 = a^2 + 2ab + b^2$

(2) $(a - b)^2 = a^2 - 2ab + b^2$

(3) $(a + b)(a - b) = a^2 - b^2$

Lösung:

a) $\left(5 + \sqrt{3}\right)\sqrt{3} = 5\sqrt{3} + \sqrt{3}\sqrt{3} = 5\sqrt{3} + 3$

b) *Benutze die 2. binomische Formel.*

$\left(3 - \sqrt{5}\right)^2 = 9 - 2 \cdot 3 \cdot \sqrt{5} + \left(\sqrt{5}\right)^2 = 9 - 6\sqrt{5} + 5 = 14 - 6\sqrt{5}$

c) *Benutze die 3. binomische Formel.*

$\left(5 - \sqrt{7}\right)\left(5 + \sqrt{7}\right) = 5^2 - \left(\sqrt{7}\right)^2 = 25 - 7 = 18$

4 Umformen von Termen mit Quadratwurzeln durch Kürzen und Erweitern

*Mit Bruchtermen lässt sich häufig leichter rechnen, wenn im Nenner keine Wurzeln auftreten (z. B. bei Überschlagsrechnungen). Diese Umformungen werden häufig als **Rationalmachen des Nenners** bezeichnet.*

Beispiel 1

Forme so um, dass im Nenner keine Wurzel mehr auftritt.

a) $\frac{5}{\sqrt{3}}$ b) $\frac{3}{\sqrt{2+x}}$

Lösung:

Im Nenner steht eine Wurzel. Erweitere den Bruch mit dieser Wurzel.

a) $\frac{5}{\sqrt{3}} = \frac{5\cdot\sqrt{3}}{\sqrt{3}\cdot\sqrt{3}} = \frac{5\sqrt{3}}{3}$ b) $\frac{3}{\sqrt{2+x}} = \frac{3\cdot\sqrt{2+x}}{\sqrt{2+x}\cdot\sqrt{2+x}} = \frac{3\cdot\sqrt{2+x}}{2+x}$

Beachte:
So kommt man nicht weiter.
$\frac{4}{3+\sqrt{2}} = \frac{4(3+\sqrt{2})}{(3+\sqrt{2})^2} = \frac{12+4\sqrt{2}}{9+6\sqrt{2}+2}$

Beispiel 2

Forme so um, dass im Nenner keine Wurzel steht. Gib ggf. einschränkende Bedingungen an.

a) $\frac{6}{3+\sqrt{5}}$ b) $\frac{4}{\sqrt{2}-\sqrt{6}}$ c) $\frac{8}{2+\sqrt{a}}$

Lösung:

Im Nenner steht eine Summe (Differenz): Erweitere mit der entsprechenden Differenz (Summe), damit nach Anwenden der 3. binom. Formel die Wurzeln im Nenner wegfallen.

a) $\frac{6}{3+\sqrt{5}} = \frac{6(3-\sqrt{5})}{(3+\sqrt{5})(3-\sqrt{5})} = \frac{6(3-\sqrt{5})}{3^2-(\sqrt{5})^2} = \frac{6(3-\sqrt{5})}{9-5} = \frac{6(3-\sqrt{5})}{4} = \frac{3(3-\sqrt{5})}{2}$

b) $\frac{4}{\sqrt{2}-\sqrt{6}} = \frac{4(\sqrt{2}+\sqrt{6})}{(\sqrt{2}-\sqrt{6})(\sqrt{2}+\sqrt{6})} = \frac{4(\sqrt{2}+\sqrt{6})}{(\sqrt{2})^2-(\sqrt{6})^2} = \frac{4(\sqrt{2}+\sqrt{6})}{2-6} = \frac{4(\sqrt{2}+\sqrt{6})}{-4} = -(\sqrt{2}+\sqrt{6})$

c) $\frac{8}{2+\sqrt{a}} = \frac{8(2-\sqrt{a})}{(2+\sqrt{a})(2-\sqrt{a})} = \frac{8(2-\sqrt{a})}{4-a}$ für $a \neq 4$

***Beachte:** Beim Umformen von Bruchtermen mit Variablen kann sich die Definitionsmenge ändern.*

Beispiel 3

Forme so um, dass im Nenner keine Wurzel mehr auftritt:

a) $\frac{a-1}{\sqrt{a}-1}$ b) $\frac{4r+8\sqrt{r}+4}{2(\sqrt{r}+1)}$

Lösung:

a) *Zerlege den Zähler durch Anwenden der 3. binom. Formel in ein Produkt. Kürze dann.*

$\frac{a-1}{\sqrt{a}-1} = \frac{(\sqrt{a}-1)(\sqrt{a}+1)}{\sqrt{a}-1} = \sqrt{a}+1$

Diese Umformung gilt nur für $a \neq 1$ und $a \geqq 0$.

b) *Zerlege den Zähler durch Ausklammern und Anwenden der 1. binomischen Formel. Kürze dann.*

$\frac{4r+8\sqrt{r}+4}{2(\sqrt{r}+1)} = \frac{4(r+2\sqrt{r}+1)}{2(\sqrt{r}+1)} = \frac{2(r+2\sqrt{r}+1)}{\sqrt{r}+1} = \frac{2(\sqrt{r}+1)^2}{\sqrt{r}+1} = 2(\sqrt{r}+1).$

Beispiel 4

Es gilt $\sqrt{3} \approx 1{,}7$ und $\sqrt{7} \approx 2{,}6$. Führe mit diesen Werten Überschlagsrechnungen durch.

a) $\frac{5}{\sqrt{3}}$ b) $\frac{2}{\sqrt{7}-\sqrt{3}}$

Lösung:

Forme im Kopf so um, dass im Nenner keine Wurzeln mehr auftreten.

a) $\frac{5}{\sqrt{3}} = \frac{5\sqrt{3}}{(\sqrt{3})^2} \approx \frac{5\cdot 1{,}7}{3} = \frac{8{,}5}{3} \approx \frac{8{,}4}{3} = 2{,}8$

b) $\frac{2}{\sqrt{7}-\sqrt{3}} = \frac{2(\sqrt{7}+\sqrt{3})}{7-3} = \frac{2(\sqrt{7}+\sqrt{3})}{4} = \frac{\sqrt{7}+\sqrt{3}}{2} \approx \frac{2{,}6+1{,}7}{2} = \frac{4{,}3}{2} = 2{,}15$

III Quadratische Funktionen

1 Funktionen der Form $x \mapsto x^2 + e$

Der Graph der Funktion $x \mapsto x^2$ heißt **Normalparabel**.

x	x^2
−1,5	2,25
−1	1
−0,5	0,25
0	0
0,5	0,25
1	1
1,5	2,25

Eigenschaften der Funktion $x \mapsto x^2$:
1. Alle Funktionswerte sind größer oder gleich 0.
2. Für jede Zahl x gilt: $f(x) = f(-x)$.
3. Der kleinste Funktionswert ist 0.

Eigenschaften der Normalparabel:
1. Sie verläuft „oberhalb" der x-Achse.
2. Sie ist symmetrisch zur y-Achse.
3. Der Schnittpunkt $S(0|0)$ der Normalparabel mit ihrer Symmetrieachse ist der „tiefste" Punkt; er heißt **Scheitel**.

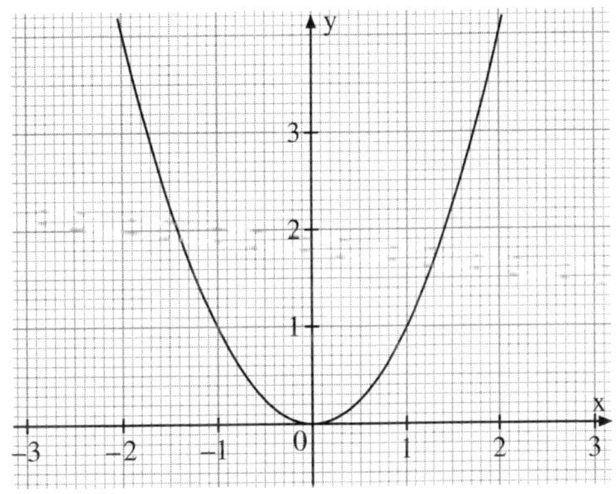

Der Graph der Funktion $x \mapsto x^2 + e$ ist eine entlang der y-Achse verschobene Normalparabel mit dem Scheitel $S(0|e)$.

Beispiel 1
a) Zeichne mithilfe einer Wertetabelle den Graphen von $x \mapsto x^2 + 2{,}5$.
b) Zeichne mithilfe einer Schablone den Graphen von $x \mapsto x^2 - 1$.
Lösung:
a) Wertetabelle:

x	−2	−1	0	1	2
$x^2 + 2{,}5$	6,5	3,5	2,5	3,5	6,5

Die Punkte dürfen nicht mit Strecken verbunden werden.
b) *Achte darauf, dass die Symmetrieachse der Schablone auf der y-Achse liegt.*
Scheitel: $S(0|-1)$.

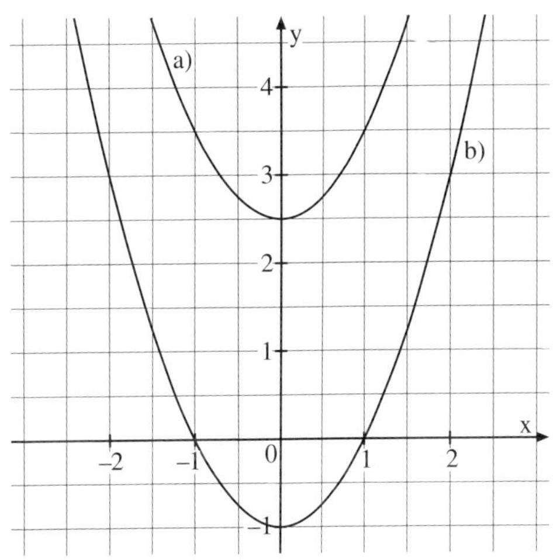

Beispiel 2
Der Punkt $P(1|-5)$ liegt auf dem Graphen von $x \mapsto x^2 + e$. Bestimme e.
Lösung:
Setzt man in den Funktionswert für x den Wert 1 ein, so erhält man −5, also:
$1^2 + e = -5$; $e = -6$.

Beispiel 3
Liegen die Punkte $P(3|5)$ und $Q(-5|23)$ auf dem Graphen von $x \mapsto x^2 - 2$?
Setzt man in den Funktionsterm für x die x-Koordinate des Punktes ein, so erhält man die y-Koordinate des Punktes:
$3^2 - 2 = 9 - 2 = 7$ $\quad$ $P(3|5)$ liegt nicht auf dem Graphen von $x \mapsto x^2 - 2$.
$(-5)^2 - 2 = 25 - 2 = 23$ $\quad$ $Q(-5|23)$ liegt auf dem Graphen von $x \mapsto x^2 - 2$.

2 Funktionen der Form $x \mapsto (x-d)^2 + e$ bzw. $x^2 + bx + c$

Dieses Verfahren heißt ***quadratische Ergänzung****. In dem Beispiel wird 2^2 ergänzt (und anschließend wieder subtrahiert), damit man die entsprechende binomische Formel anwenden kann.*

Jeden Term der Form $x^2 + bx + c$ kann man in die Form $(x-d)^2 + e$ umwandeln:

$$x^2 + bx + c = x^2 + bx + \left(\frac{b}{2}\right)^2 - \left(\frac{b}{2}\right)^2 + c \qquad \text{z.B.: } x^2 + 4x + 7 = x^2 + 4x + 2^2 - 2^2 + 7$$

$$= \left(x + \frac{b}{2}\right)^2 - \left(\frac{b}{2}\right)^2 + c \qquad = (x + 2)^2 + 3$$

$$= \left(x - \left(-\frac{b}{2}\right)\right)^2 + c - \left(\frac{b}{2}\right)^2 \qquad = (x - (-2))^2 + 3$$

Deshalb sind auch die Graphen von Funktionen der Form $x \mapsto x^2 + bx + c$ verschobene Normalparabeln.

Jede Funktion der Form $x \mapsto x^2 + bx + c$ lässt sich in die Form $x \mapsto (x-d)^2 + e$ bringen. Die Form $x \mapsto (x-d)^2 + e$ heißt **Scheitelpunktsform**. Der Graph von $x \mapsto (x-d)^2 + e$ ist eine verschobene Normalparabel mit dem Scheitel $S(d|e)$.

Beispiel 1
Zeichne den Graphen von
a) $x \mapsto (x+1{,}5)^2 + 2$ b) $x \mapsto (x-1{,}5)^2 - 2$.
Lösung:
Falls du eine Schablone verwendest, markiere zuerst den Scheitel. Achte beim Zeichnen darauf, dass die Symmetrieachse der Schablone parallel zur y-Achse ist.
a) Scheitel $S_1(-1{,}5|2)$
b) Scheitel $S_2(1{,}5|-2)$

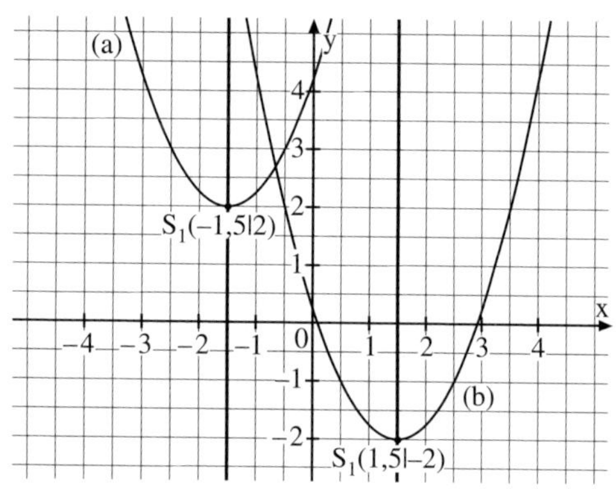

Beispiel 2
Eine verschobene Normalparabel hat den Scheitel $S(-2|7)$. Wie lautet die Scheitelpunktsform?
Lösung:
Die Funktion, die zu einer verschobenen Normalparabel mit dem Scheitel $S(d|e)$ gehört, ist: $x \mapsto (x-d)^2 + e$. Hier ist $d = -2$ und $e = 7$.
Scheitelpunktsform: $x \mapsto (x-(-2))^2 + 7$ bzw. $x \mapsto (x+2)^2 + 7$.

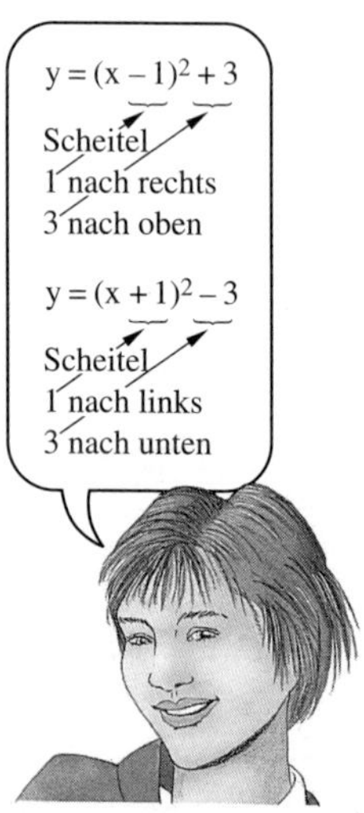

Beispiel 3
Bestimme den Scheitel der verschobenen Normalparabel von $x^2 - 6x + 4$.
Lösung:
$x^2 - 6x + 4 = x^2 - 6x + 3^2 - 3^2 + 4 = (x-3)^2 - 5$;
Umgeformte Funktionsvorschrift: $x \mapsto (x-3)^2 - 5$; Scheitel $S(3|-5)$.

Beispiel 4
Für welchen x-Wert nimmt die Funktion $x \mapsto x^2 - 3x + \frac{29}{4}$ den kleinsten Funktionswert an?
Lösung:
Der kleinste Funktionswert wird dort angenommen, wo der Scheitelpunkt des Graphen liegt.

$$x^2 - 3x + \frac{29}{4} = x^2 - 3x + \left(\frac{3}{2}\right)^2 - \left(\frac{3}{2}\right)^2 + \frac{29}{4} = \left(x - \frac{3}{2}\right)^2 + \frac{20}{4} = \left(x - \frac{3}{2}\right)^2 + 5$$

Der Scheitel heißt $S\left(\frac{3}{2}\middle|5\right)$. Der kleinste Funktionswert wird für $x = \frac{3}{2}$ angenommen.

3 Allgemeine quadratische Funktionen

Die Graphen von Funktionen der Form $x \mapsto a x^2$ $(a \neq 0)$ heißen **Parabeln**. Die zu der jeweiligen Funktion gehörende Gleichung der Form $y = a x^2$ heißt **Gleichung der Parabel**.

Beispiel 1
Die Gleichungen der Parabeln in der Figur rechts haben die Form $y = a x^2$. Bestimme jeweils a.
Lösung:
Lies die Koordinaten eines Punktes der Parabel ab (nicht den Scheitel wählen). Berechne mithilfe dieser Koordinaten a.
$P(1{,}5\,|\,1{,}5)$ liegt auf der oberen Parabel.
$a \cdot (1{,}5)^2 = 1{,}5 \quad | : (1{,}5)^2$
$a = \frac{2}{3}$
$Q(1\,|-4)$ liegt auf der unteren Parabel.
$-4 = a \cdot 1^2$
$a = -4$

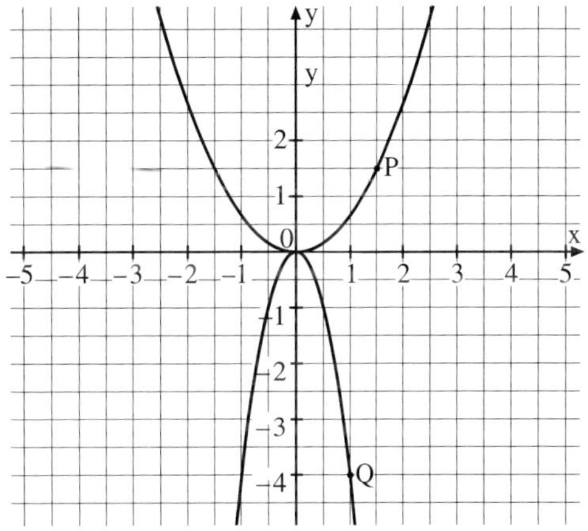

Funktionen der Form $x \mapsto ax^2 + bx + c$ bzw. $x \mapsto a(x-d)^2 + e$ heißen ***quadratische Funktionen****. Ihre Graphen sind Parabeln.*

Die Form $x \mapsto a(x-d)^2 + e$ heißt ***Scheitelpunktsform****, weil man sofort die Koordinaten des Scheitels der Parabel ablesen kann: $S(d\,|\,e)$.*

Jeden Term der Form $a x^2 + b x + c$ $(a \neq 0)$ kann man mithilfe der quadratischen Ergänzung auf die Form $a(x-d)^2 + e$ bringen:

$$\begin{aligned} & a x^2 + b x + c \\ &= a\left[x^2 + \tfrac{b}{a}x \right] + c \\ &= a\left[x^2 + \tfrac{b}{a}x + \left(\tfrac{b}{2a}\right)^2 - \left(\tfrac{b}{2a}\right)^2\right] + c \\ &= a\left[\left(x + \tfrac{b}{2a}\right)^2 - \tfrac{b^2}{4a^2}\right] + c \\ &= a\left[\left(x - \left(-\tfrac{b}{2a}\right)\right)\right]^2 - \tfrac{b^2}{4a} + c \\ &= a\left[x - \left(-\tfrac{b}{2a}\right)\right]^2 + \left(c - \tfrac{b^2}{4a}\right) \end{aligned}$$

z. B.:

$$\begin{aligned} & 1{,}5x^2 + 9x + 7 \\ &= 1{,}5\,[x^2 + 6x\,] + 7 \\ &= 1{,}5\left[x^2 + 6x + \left(\tfrac{6}{2}\right)^2 - \left(\tfrac{6}{2}\right)^2\right] + 7 \\ &= 1{,}5\,[(x+3)^2 - 9\,] + 7 \\ &= 1{,}5\,[x - (-3)]^2 - 13{,}5 + 7 \\ &= 1{,}5\,[x - (-3)]^2 + (-6{,}5) \end{aligned}$$

> Der Graph einer Funktion der Form $x \mapsto a(x-d)^2 + e$ $(a \neq 0)$ ist eine verschobene **Parabel**. Ihr Scheitel ist der Punkt $S(d\,|\,e)$. $y = a(x-d)^2 + e$ heißt **Gleichung der Parabel**. Eine solche Parabel ist enger (weiter) als die Normalparabel, falls $|a| > 1$ $(|a| < 1)$. Sie ist nach oben (unten) geöffnet, falls $a > 0$ $(a < 0)$.

Beispiel 2
Beschreibe, ohne zu zeichnen, die Parabel von
a) $x \mapsto -3(x+4)^2 + 5$ b) $x \mapsto 0{,}2x^2 + 4x + 3$
Lösung:
a) *Weil $-3 < 0$ und $|-3| > 1$ und $(x+4)^2 = (x-(-4))^2$:*
Die Parabel ist nach unten geöffnet, enger als die Normalparabel und hat den Scheitel $S(-4\,|\,5)$.
b) *Bringe den Funktionsterm zuerst in Scheitelpunktsform.*
$0{,}2x^2 + 4x + 3 = 0{,}2\,[x^2 + 20x] + 3 = 0{,}2\,[x^2 + 20x + 100 - 100] + 3$
$= 0{,}2\,[(x+10)^2 - 100] + 3 = 0{,}2(x+10)^2 - 20 + 3 = 0{,}2(x+10)^2 - 17$
Die Parabel ist nach oben geöffnet, weiter als die Normalparabel und hat den Scheitel $S(-10\,|-17)$.

Auch ein regelmäßiges Gebiss hat ungefähr die Form einer Parabel.

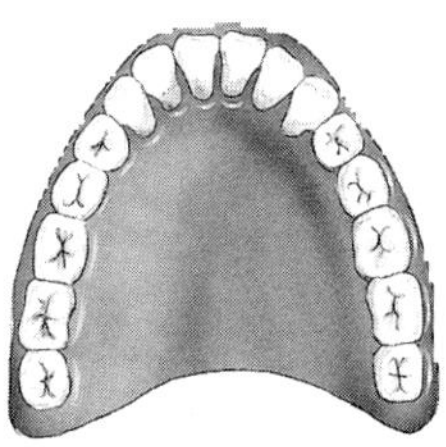

4 Quadratwurzelfunktion

Die Funktion $x \mapsto \sqrt{x}$ heißt **Quadratwurzelfunktion**; ihre Definitonsmenge ist $\{x \mid x \geqq 0\}$.
Ein Vergleich der Tabellen zu den Funktionen $x \mapsto x^2$ und $x \mapsto \sqrt{x}$ zeigt, dass man zum Zeichnen des Graphen der Quadratwurzelfunktion ebenfalls die Parabelschablone verwenden kann.

x	0	1	1,5	2	2,5
x^2	0	1	2,25	4	6,25

x	0	1	2,25	4	6,25
$\sqrt{x}$	0	1	1,5	2	2,5

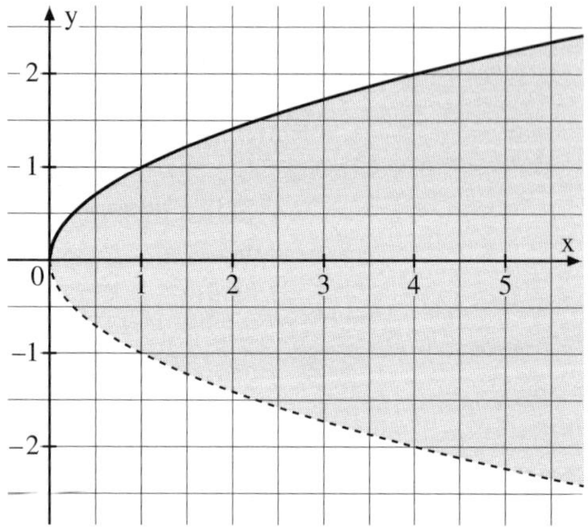

Der Graph der Quadratwurzelfunktion hat die Form einer „halben" Parabel.

Ähnlich wie bei den quadratischen Funktionen erhält man die Graphen zu den Funktionen $x \mapsto \sqrt{x} + 2$, $x \mapsto \sqrt{x-1}$ und $x \mapsto \sqrt{x-1} + 2$ durch Verschieben des Graphen der Quadratwurzelfunktion.
Die Figur ganz links zeigt, wie sich der Faktor a bei $a \mapsto a\sqrt{x}$ auf den Graphen auswirkt.

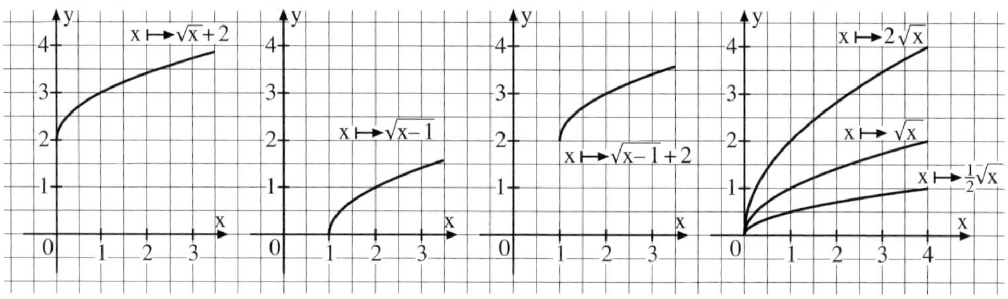

Beispiel
Bestimme die maximale Definitionsmenge und zeichne den Graphen der Funktion.
a) $x \mapsto \sqrt{x+2}$
b) $x \mapsto \sqrt{3-x}$
Lösung:
Es dürfen nur solche Zahlen für x eingesetzt werden, bei denen der Term unter dem Wurzelzeichen nicht negativ wird.
a) $x + 2 \geqq 0 \quad | -2$
$x \geqq -2$
Maximale Definitionsmenge $\{x \mid x \geqq -2\}$
b) $3 - x \geqq 0 \quad | +x$
$3 \geqq x$
Maximale Definitionsmenge $\{x \mid x \leqq 3\}$

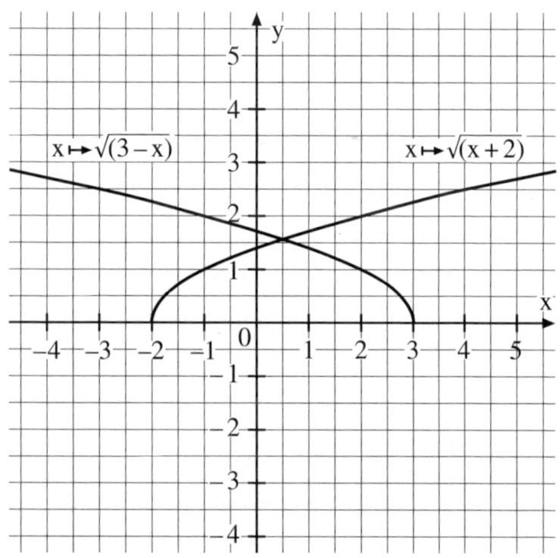

IV Quadratische Gleichungen

1 Zeichnerisches Lösen

Eine Gleichung der Form $ax^2 + bx + c = 0$ kann man mithilfe von Äquivalenzumformungen auf die Form $x^2 = dx + e$ bringen. Die Lösungen der quadratischen Gleichung entsprechen den x-Koordinaten der Schnittpunkte der Normalparabel mit der Geraden $dx + e$.

Gleichungen wie $3x^2 + 9x + 1 = 0$ heißen **quadratische Gleichungen**.
Quadratische Gleichungen kann man näherungsweise mithilfe einer Zeichnung lösen.

Da eine Parabel mit einer Geraden oder der x-Achse nur zwei Punkte oder einen einzigen Punkt oder keinen gemeinsamen Punkt besitzt, gilt:

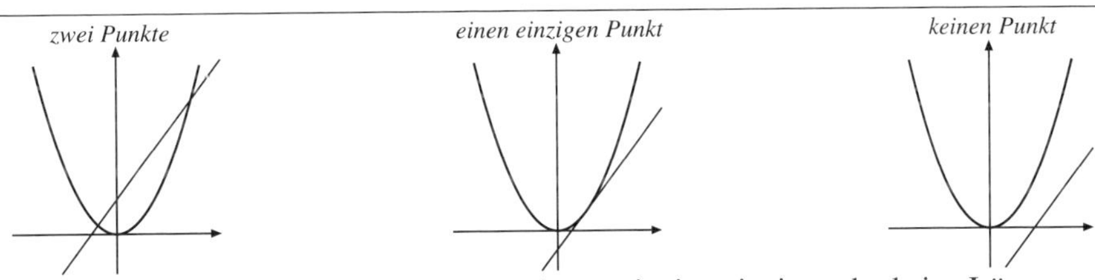

Eine quadratische Gleichung besitzt entweder zwei, eine einzige oder keine Lösung.

Beispiel
Löse grafisch $7{,}5x^2 + 7{,}5x - 15 = 0$.
Lösung:
1. Möglichkeit:
Bringe die Gleichung auf die Form $x^2 = dx + e$.

$$7{,}5x^2 + 7{,}5x - 15 = 0 \quad | :7{,}5$$
$$x^2 + x - 2 = 0 \quad | -x + 2$$
$$x^2 = -x + 2$$

Zeichne die Normalparabel und die Gerade mit der Gleichung $y = -x + 2$.
Lies die x-Koordinaten der Schnittpunkte der Normalparabel mit der Geraden ab.
Lösungsmenge: $\{-2; 1\}$.

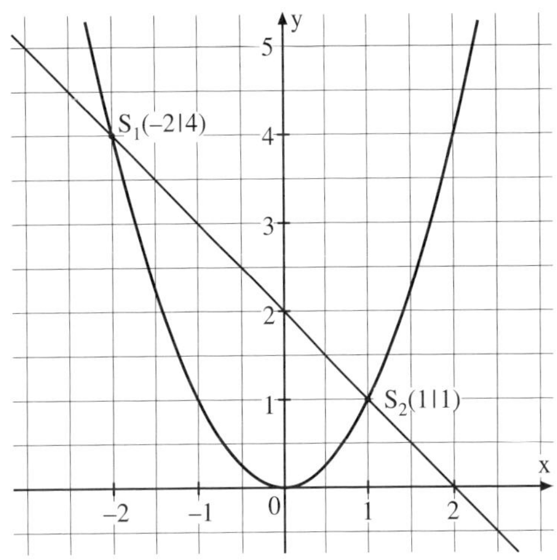

2. Möglichkeit:
Bringe die Gleichung auf die Form $x^2 + bx + c = 0$.

$$7{,}5x^2 + 7{,}5x - 15 = 0 \quad | :7{,}5$$
$$x^2 + x - 2 = 0$$

Gleichung der Parabel: $y = x^2 + x - 2$.
Bringe die Gleichung auf die Scheitelpunktsform. Forme hierzu die rechte Seite mithilfe der quadratischen Ergänzung um.

$$x^2 + x - 2 = x^2 + x + 0{,}5^2 - 0{,}5^2 - 2$$
$$= (x + 0{,}5)^2 - 2{,}25$$

Gleichung in der Scheitelpunktsform:
$y = (x + 0{,}5)^2 - 2{,}25$.
Zeichne die verschobene Normalparabel mit dem Scheitel $S(-0{,}5 \mid -2{,}25)$ und lies die x-Koordinaten der Schnittpunkte mit der x-Achse ab.
Lösungsmenge: $\{-2; 1\}$.

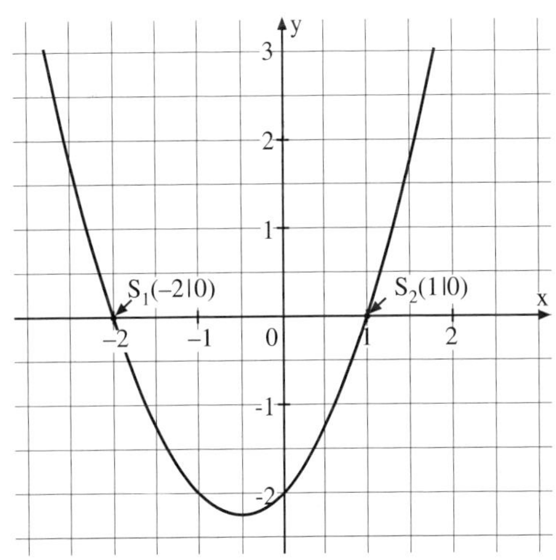

2 Rechnerisches Lösen

*Der Radikand $b^2 - 4ac$ heißt **Diskriminante D**, weil man mit seiner Hilfe unterscheiden kann, wie viele Lösungen eine quadratische Gleichung besitzt.*

***discriminare** (lat.): unterscheiden*

Eine quadratische Gleichung der Form $ax^2 + bx + c = 0$ $(a \neq 0)$ hat

die beiden Lösungen $x_1 = \frac{-b + \sqrt{b^2 - 4ac}}{2a}$; $x_2 = \frac{-b - \sqrt{b^2 - 4ac}}{2a}$, falls $b^2 - 4ac > 0$.

genau eine Lösung $x = -\frac{b}{2a}$, falls $b^2 - 4ac = 0$.

keine Lösung, falls $b^2 - 4ac < 0$.

Beispiel 1

Wie viele Lösungen besitzt die Gleichung?

a) $2x^2 + 3x + 3$ b) $3x^2 + 5x + 2$ c) $5x^2 + 6x + 1{,}8$ d) $x^2 + x - 6$

Lösung:

a) Diskriminante: $D = 3^2 - 4 \cdot 2 \cdot 3 = 9 - 24 < 0$; die Gleichung hat keine Lösung.

b) Diskriminante: $D = 5^2 - 4 \cdot 3 \cdot 2 = 25 - 24 > 0$; die Gleichung hat zwei Lösungen.

c) Diskriminante: $D = 6^2 - 4 \cdot 5 \cdot 1{,}8 = 0$; die Gleichung hat genau eine Lösung.

d) *Beachte: $a = 1$ und $b = 1$ und $c = -6$.*

Diskriminante: $D = 1^2 - 4 \cdot 1 \cdot (-6) = 1 + 24 > 0$; die Gleichung hat zwei Lösungen.

Beispiel 2

Berechne die Lösungen: $3x^2 - 9x = 54$

Lösung:

1. Möglichkeit: Quadratische Ergänzung

$3x^2 - 9x = 54 \quad | :3$

$x^2 - 3x = 18$

$x^2 - 3x + 1{,}5^2 = 1{,}5^2 + 18$

$(x - 1{,}5)^2 = 20{,}25$

1. Lösung: $x_1 - 1{,}5 = \sqrt{20{,}25}$

$x_1 - 1{,}5 = 4{,}5 \quad | +1{,}5$

$x_1 = 4{,}5 + 1{,}5$

$x_1 = 6$

2. Lösung: $x_2 - 1{,}5 = -\sqrt{20{,}25}$

$x_2 + 1{,}5 = -4{,}5 \quad | +1{,}5$

$x_2 = -4{,}5 + 1{,}5$

$x_2 = -3$

2. Möglichkeit: Lösungsformeln

Bringe in die Form $ax^2 + bx + c = 0$.

$3x^2 - 9x = 54 \quad | -54$

$3x^2 - 9x - 54 = 0$

$3x^2 + (-9)x + (-54) = 0$

$a = 3$; $b = -9$ und $c = -54$

Diskriminante:

$(-9)^2 - 4 \cdot 3 \cdot (-54) = 729 > 0$

1. Lösung: $x_1 = \frac{9 + \sqrt{729}}{2 \cdot 3} = \frac{9 + 27}{6}$

$x_1 = 6$

2. Lösung: $x_2 = \frac{9 - \sqrt{729}}{2 \cdot 3} = \frac{9 - 27}{6}$

$x_2 = -3$

Zu Beispiel 3a: Umständlich geht es auch so:

$5x^2 - 6x = 0$

$5x^2 - 6x + 0 = 0$

$x_1 = \frac{6 + \sqrt{36 - 4 \cdot 5 \cdot 0}}{10}$

$x_1 = \frac{6 + 6}{10}$

$x_1 = 1{,}2$

$x_2 = \frac{6 - \sqrt{36 - 4 \cdot 5 \cdot 0}}{10}$

$x_2 = \frac{6 - 6}{10}$

$x_2 = 0$

Beispiel 3 Lösen durch Ausklammern

Löse: a) $5x^2 - 6x = 0$ b) $13x^2 = 65x$

Lösung:

a) $5x^2 - 6x = 0$

$x(5x - 6) = 0$

Ein Produkt ist dann Null, wenn mindestens einer der Faktoren Null ist.

1. Lösung: $x_1 = 0$

2. Lösung: $5x_2 - 6 = 0 \quad | +6$

$5x_2 = 6 \quad | :5$

$x_2 = 1{,}2$

$L = \{0; 1{,}2\}$

Lösung:

b) $13x^2 = 65x \quad | -65x$

$13x^2 - 65x = 0$

$13x(x - 5) = 0$

1. Lösung: $x_1 = 0$

2. Lösung: $x_2 = 5$

$L = \{0; 5\}$

Wer statt $13x$ nur x ausklammert, verfährt wie in Beispiel 3a.

3 Gleichungen, die auf quadratische Gleichungen führen

Es gibt Gleichungen, die beim Lösen auf quadratische Gleichungen führen.

Beispiel 1 Bruchgleichungen
Bestimme die Lösungsmenge: $\frac{x+3}{x} - \frac{x}{x-2} = 5$
Lösung:

$\frac{x+3}{x} - \frac{x}{x-2} = 5 \quad | -5$ *Forme so um, dass auf einer Seite Null steht.*

$\frac{x+3}{x} - \frac{x}{x-2} - 5 = 0$ *Erweitern mit $x(x-2)$. Multipliziere den Nenner nicht aus.*

$\frac{(x+3)(x-2)}{x(x-2)} + \frac{x^2}{x(x-2)} - \frac{5x(x-2)}{x(x-2)} = 0$ | Bruchterme addieren

$\frac{(x+3)(x-2) + x^2 - 5x(x-2)}{x(x-2)} = 0$ | Zähler vereinfachen

$\frac{-3x^2 + 11x - 6}{x(x-2)} = 0$

Eine Probe ist hier nicht notwendig, da alle Umformungen Äquivalenzumformungen sind. Wenn man sie durchführt, dient sie nur zur Sicherheit.

Ein Bruch ist gleich 0, wenn sein Zähler gleich 0 und sein Nenner ungleich 0 ist.
Der Nenner ist ein Produkt. Ein Produkt ist Null, wenn einer der Faktoren Null ist.
$-3x^2 + 11x - 6 = 0$ und $x \neq 0,\ x \neq 2$ | *quadratische Gleichung lösen*
Die quadratische Gleichung hat die Lösungen $x_1 = 3$ und $x_2 = \frac{2}{3}$.
Da $x_1 \neq 0$; $x_1 \neq 2$; $x_2 \neq 0$ und $x_2 \neq 2$ folgt: $L = \{3; \frac{2}{3}\}$.

Wenn man wie beim Lösen von Wurzelgleichungen beide Seiten einer Gleichung quadriert, muss man unbedingt eine **Probe in der Ausgangsgleichung** durchführen.

Beispiel 2 Wurzelgleichungen
Bestimme die Lösungsmenge: $\sqrt{x-3} - 2x = -15 - x$
Lösung:
1. Forme die Gleichung so um, dass die Wurzel allein auf einer Seite steht:
$\sqrt{x-3} - 2x = -15 - x \quad | +2x$
$\sqrt{x-3} = x - 15$
2. Quadriere beide Seiten der Gleichung:
$\left(\sqrt{x-3}\right)^2 = (x-15)^2$
$x - 3 = x^2 - 30x + 225$
3. Wenn die Gleichung keine „Wurzel mit x" mehr hat, dann löse die quadratische Gleichung. (Anderenfalls mache mit dem 1. Schritt weiter.)
$x - 3 = x^2 - 30x + 225 \quad | -x;\ +3$
$x^2 - 31x + 228 = 0$
1. Lösung der Gleichung $x^2 - 31x + 228 = 0$: $x_1 = \frac{31 + \sqrt{961 - 4 \cdot 228}}{2} = 19$
2. Lösung der Gleichung $x^2 - 31x + 228 = 0$: $x_2 = \frac{31 - \sqrt{961 - 4 \cdot 228}}{2} = 12$
4. Mache die Probe:
19 eingesetzt in die linke Seite von $\sqrt{x-3} - 2x = -15 - x$: $\sqrt{16} - 38 = -34$
19 eingesetzt in die rechte Seite von $\sqrt{x-3} - 2x = -15 - x$: $-15 - 19 = -34$
12 eingesetzt in die linke Seite von $\sqrt{x-3} - 2x = -15 - x$: $\sqrt{9} - 24 = -21$
12 eingesetzt in die rechte Seite von $\sqrt{x-3} - 2x = -15 - x$: $-15 - 12 = -27$
19 ist Lösung der Gleichung $\sqrt{x-3} - 2x = -15 - x$, 12 ist keine Lösung. $L = \{19\}$.

Eine Gleichung, in der nur x^4 und x^2 als Variablen vorkommen, heißt biquadratisch, wenn x „zweimal quadriert wurde“: $x^4 = (x^2)^2$.

bi (lat.): zweimal

substituere (lat.): ersetzen

Beispiel 3 Biquadratische Gleichungen
Bestimme die Lösungsmenge: a) $x^4 - 5x^2 + 6 = 0$ b) $x^4 - 4x^2 - 5 = 0$
Lösung:
1. Ersetze x^2 durch eine neue Variable. Dieses Vorgehen nennt man Substitution.
a) $z^2 - 5z + 6 = 0$ b) $z^2 - 4z - 5 = 0$
2. Löse die durch die Substitution entstandene neue Gleichung.

$z_1 = \frac{5 + \sqrt{25 - 24}}{2} = 3$ $z_1 = \frac{4 + \sqrt{16 + 20}}{2} = 5$

$z_2 = \frac{5 - \sqrt{25 - 24}}{2} = 2$ $z_2 = \frac{4 - \sqrt{16 + 20}}{2} = -1$

3. Mache die Substitution wieder rückgängig und bestimme die Lösungsmenge.
$x^2 = 3$; $L_1 = \{-\sqrt{3}; \sqrt{3}\}$, $x^2 = 5$; $L_1 = \{-\sqrt{5}; \sqrt{5}\}$,
$x^2 = 2$; $L_2 = \{-\sqrt{2}; \sqrt{2}\}$, $x^2 = -1$; $L_2 = \{\}$,
also: $L = \{-\sqrt{3}; -\sqrt{2}; \sqrt{2}; \sqrt{3}\}$. also: $L = \{-\sqrt{5}; \sqrt{5}\}$.

Quadratische Ungleichungen

Die Lösungsmenge einer quadratischen Ungleichung der Form $ax^2 + bx + c \geqq 0$ bzw. $ax^2 + bx + c \leqq 0$ kann man bestimmen, wenn man:
– sich zuerst überlegt, wie die zur Gleichung gehörende Parabel aussieht und
– die Schnittpunkte der Parabel mit der x-Achse berechnet.

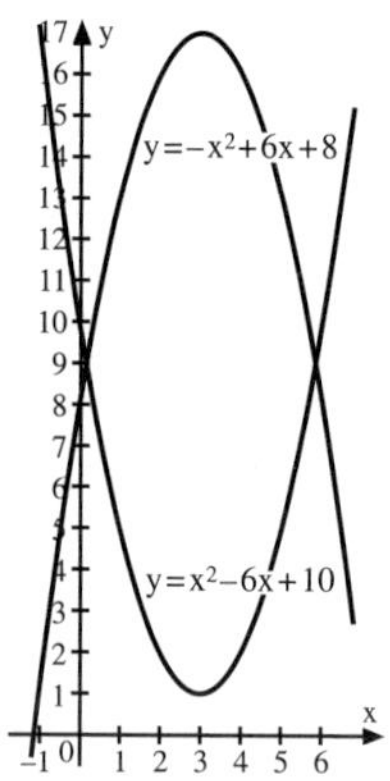

Beispiel 1
Bestimme die Lösungsmenge: a) $-x^2 + 6x + 8 < 0$ b) $x^2 - 6x + 10 < 0$
Lösung:
a) Die Parabel zu $x \mapsto -x^2 + 6x + 8$ ist nach unten geöffnet und schneidet die x-Achse in den Punkten $(3 - \sqrt{17}\,|\,0)$ und $(3 + \sqrt{17}\,|\,0)$. Die quadratische Ungleichung $-x^2 + 6x + 8 < 0$ hat die Lösungsmenge: $L = \{x \mid x < 3 - \sqrt{17}$ oder $x > 3 + \sqrt{17}\}$.
b) Die Parabel zu $x \mapsto x^2 - 6x + 10$ ist nach oben geöffnet. Die Parabel schneidet die x-Achse nicht. Die Lösungsmenge der quadratischen Ungleichung $x^2 - 6x + 10 < 0$ lautet: $L = \{\}$.

Wenn eine quadratische Ungleichung die Form $(x - a)(x - b) \geqq 0$ bzw. $(x - a)(x - b) \leqq 0$ hat oder leicht auf diese Form zu bringen ist, kann man auch wie in Beispiel 2 vorgehen.

Beispiel 2
Bestimme die Lösungsmenge: a) $(x - 3)(x - 5) > 0$ b) $(x + 4)(x - 2) < 0$
Lösung:

a) 1. Fall:	$x - 3 > 0$ und $x - 5 > 0$
	$L_1 = \{x \mid x > 5\}$
2. Fall:	$x - 3 < 0$ und $x - 5 < 0$
	$L_2 = \{x \mid x < 3\}$
Zusammen:	$L = \{x \mid x < 3$ oder $x > 5\}$
b) 1. Fall:	$x + 4 > 0$ und $x - 2 < 0$
	$L_1 = \{x \mid -4 < x < 2\}$
2. Fall:	$x + 4 < 0$ und $x - 2 > 0$
	$L_2 = \{\}$
Zusammen:	$L = \{x \mid -4 < x < 2\}$

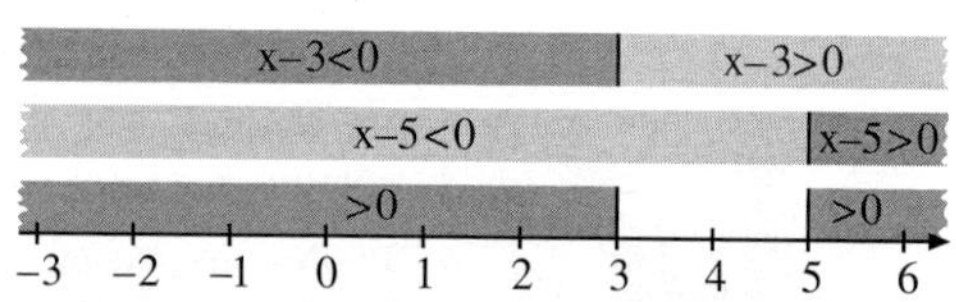

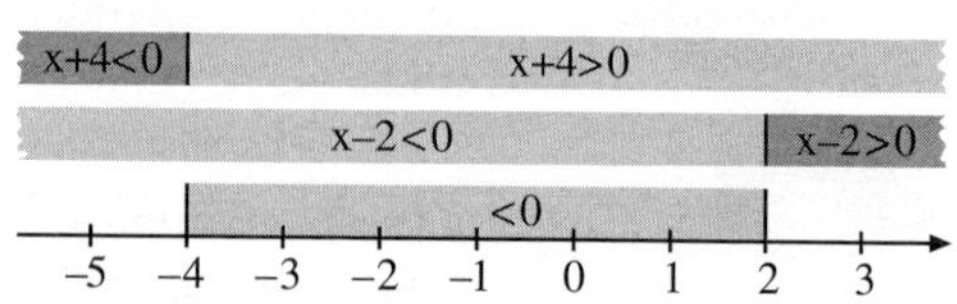

4 Der Satz von Vieta – Polynomdivision

FRANÇOIS VIETE (1540–1604) franz. Mathematiker

Satz von Vieta

Sind x_1 und x_2 die Lösungen einer quadratischen Gleichung der Form $x^2 + px + q = 0$, dann gilt:

1. $x_1 + x_2 = -p$ und $x_1 \cdot x_2 = q$
2. Der Term $x^2 + px + q$ lässt sich als Produkt $(x - x_1)(x - x_2)$ schreiben.

Beispiel 1

Untersuche nach dem Satz von Vieta ohne Lösungsformel, ob die Gleichung $x^2 - 5x - 14 = 0$ ganzzahlige Lösungen hat.

Lösung:

Zerlege –14 in ganzzahlige Faktoren: $-14 = (-1) \cdot 14 = 1 \cdot (-14) = (-2) \cdot 7 = 2 \cdot (-7)$.

Addiere die Faktoren und prüfe, ob die Summe 5 ergibt:

$-2 + 7 = 5$. In allen anderen Fällen ist die Summe von 5 verschieden.

Als ganzzahlige Lösungen kommen also nur –2 und 7 in Frage.

Probe: $(x - (-2))(x - 7) = (x + 2)(x - 7) = x^2 - 7x + 2x - 14 = x^2 - 5x - 14$

Polynomdivision

Terme der Form $a_n x^n + a_{n-1} x^{n-1} + a_{n-2} x^{n-2} + \ldots + a_2 x^2 + a_1 x + a_0$ mit den reellen Zahlen $a_0, a_1, \ldots, a_n$ und der Variable x heißen **Polynome n-ten Grades**.

Ist c Lösung einer Gleichung der Form $a_n x^n + a_{n-1} x^{n-1} + a_{n-2} x^{n-2} + \ldots + a_2 x^2 + a_1 x + a_0 = 0$, so kann man das Polynom $a_n x^n + a_{n-1} x^{n-1} + a_{n-2} x^{n-2} + \ldots + a_2 x^2 + a_1 x + a_0$ als Produkt aus einem Polynom (n – 1)ten Grades und $(x - c)$ schreiben:

$(a_n x^n + a_{n-1} x^{n-1} + a_{n-2} x^{n-2} + \ldots + a_2 x^2 + a_1 x + a_0) = (x - c)(b_{n-1} x^{n-1} + \ldots + b_1 x + b_0)$

und es gilt:

$(a_n x^n + a_{n-1} x^{n-1} + a_{n-2} x^{n-2} + \ldots + a_2 x^2 + a_1 x + a_0) : (x - c) = (b_{n-1} x^{n-1} + \ldots + b_1 x + b_0)$.

Beispiel 2:

Wenn man keine Lösung einer solchen Gleichung kennt, muss man versuchen, eine Lösung durch „Probieren" zu finden. Hierzu kann man z. B. eine Wertetabelle aufstellen. Ist der Grad des Polynoms größer als 3, muss man das Verfahren der Polynomdivision evtl. mehrmals durchführen.

$x_1 = -2$ ist eine Lösung der Gleichung $15x^3 + 19x^2 - 20x + 4 = 0$. Bestimme alle Lösungen der Gleichung.

Lösung:

Schreibe den Term $15x^3 + 19x^2 - 20x + 4$ als Produkt aus $(x - (-2)) = (x + 2)$ und einem Polynom vom Grad 2, dessen Nullstellen man dann berechnen kann.

$$
\begin{array}{l}
15x^3 + 19x^2 - 20x + 4 : (x + 2) = 15x^2 - 11x + 2 \\
\underline{-(15x^3 + 30x^2)} \\
\qquad -11x^2 - 20x \\
\qquad \underline{-(-11x^2 - 22x)} \\
\qquad\qquad 2x + 4 \\
\qquad\qquad \underline{-(2x + 4)} \\
\qquad\qquad\qquad 0
\end{array}
$$

Also: $15x^3 + 19x^2 - 20x + 4 = (x + 2)(15x^2 - 11x + 2)$.

Ein Produkt ist Null, wenn einer der Faktoren Null ist.

Die weiteren Lösungen der Ausgangsgleichung sind die Lösungen der Gleichung $15x^2 - 11x + 2 = 0$.

$x_2 = \frac{11 + \sqrt{121 - 4 \cdot 15 \cdot 2}}{2 \cdot 15} = \frac{12}{30} = \frac{6}{15} = \frac{2}{5}$; $x_3 = \frac{11 - \sqrt{121 - 4 \cdot 15 \cdot 2}}{2 \cdot 15} = \frac{10}{30} = \frac{1}{3}$

Für die Lösungsmenge L der Ausgangsgleichung gilt: $L = \{-2; \frac{2}{5}; \frac{1}{3}\}$.

V Potenzen

1 Potenzen mit ganzzahligen Exponenten, Zehnerpotenzen

Zur Erinnerung:
*Bei einer Potenz a^n heißt a die **Basis** und n der **Exponent** oder die **Hochzahl**.*

Definition:

$a^n = \underbrace{a \cdot a \cdot \ldots \cdot a}_{n \text{ Faktoren}}$	für jede reelle Zahl a und jede natürliche Zahl n mit $n \geqq 2$.
$a^1 = a$	für jede reelle Zahl a.
$a^0 = 1$	für jede reelle Zahl a mit $a \neq 0$.
$a^{-n} = \frac{1}{a^n}$	für jede relle Zahl mit $a \neq 0$ und jede natürliche Zahl $n \geqq 1$.

Beachte: Klammern werden zuerst ausgerechnet. Innerhalb von Klammern oder, wenn Klammern fehlen, gilt: Potenzrechnung vor Punktrechnung; Punktrechnung vor Strichrechnung. Deshalb ist: $-5^4 = -(5^4)$, aber $-5^4 \neq (-5)^4$.

$10^8 = 100\,000\,000$
eine Eins mit 8 Nullen
$10^7 = 10\,000\,000$
eine Eins mit 7 Nullen
...
$10^2 = 100$
eine Eins mit 2 Nullen
$10^1 = 10$
eine Eins mit 1 Null
$10^0 = 1$
eine Eins ohne Nullen
$10^{-1} = 0{,}1$
eine Eins an der 1. Nachkommastelle
$10^{-2} = 0{,}01$
eine Eins an der 2. Nachkommastelle
...
$10^{-7} = 0{,}000\,000\,1$
eine Eins an der 7. Nachkommastelle
$10^{-8} = 0{,}000\,000\,01$
eine Eins an der 8. Nachkommastelle

Beispiel 1
Berechne. a) $(-4)^3$ b) -4^4 c) 4^{-3} d) $\left(\frac{2}{3}\right)^{-2}$
Lösung:
a) $(-4)^3 = (-4)\cdot(-4)\cdot(-4) = -64$
b) $-4^4 = -(4^4) = -(4\cdot4\cdot4\cdot4) = -256$
c) $4^{-3} = \frac{1}{4^3} = \frac{1}{4\cdot4\cdot4} = \frac{1}{64}$
d) $\left(\frac{2}{3}\right)^{-2} = \frac{1}{\left(\frac{2}{3}\right)^2} = \frac{1}{\frac{2}{3}\cdot\frac{2}{3}} = \frac{1}{\frac{4}{9}} = \frac{9}{4}$

Beispiel 2
Schreibe mit positiven Exponenten: a) $\frac{4^{-3}}{5^7}$ b) $\frac{4^3}{5^{-7}}$ c) $\frac{4^{-3}}{5^{-7}}$
Lösung:
a) $\frac{4^{-3}}{5^7} = \frac{\frac{1}{4^3}}{5^7} = \frac{1}{4^3\cdot5^7}$
b) $\frac{4^3}{5^{-7}} = \frac{4^3}{\frac{1}{5^7}} = 4^3\cdot5^7$
c) $\frac{4^{-3}}{5^{-7}} = \frac{\frac{1}{4^3}}{\frac{1}{5^7}} = \frac{5^7}{4^3}$

Beispiel 3
Schreibe als Produkt aus einem Dezimalbruch mit einer Ziffer ($\neq 0$) vor dem Komma und einer Zehnerpotenz.
a) 43 500 000 b) 0,0045
Lösung:
a) $43\,500\,000 = 4{,}35\cdot10\,000\,000 = 4{,}35\cdot10^7$
b) $0{,}045 = 4{,}5\cdot0{,}001 = 4{,}5\cdot10^{-3}$

Beispiel 4
Schreibe dezimal. a) $8\cdot10^7$ b) $3{,}89\cdot10^{-6}$
Lösung:
$8\cdot10^7 = 8\cdot10\,000\,000 = 80\,000\,000$
b) $3{,}89\cdot10^{-6} = 3{,}89\cdot0{,}000\,001 = 0{,}000\,003\,89$

Beispiel 5
Berechne mithilfe des Taschenrechners. Schreibe das Ergebnis als Produkt aus einem Dezimalbruch mit einer Stelle ($\neq 0$) vor dem Komma und einer Zehnerpotenz. Runde den Dezimalbruch auf zwei Nachkommastellen: $2 : (3{,}5\cdot10^{13})$
Lösung:
Tastenfolge: 2 [÷] [(] 3.5 [×] 10 [y^x] 13 [)] [=]
oder: 2 [÷] 3.5 [EE] 13 [=]
Mögliche Anzeige: [5.714285714-14]
Gerundetes Ergebnis: $5{,}71\cdot10^{-14}$

2 Wurzeln – Potenzen mit rationalen und irrationalen Exponenten

$\sqrt[1]{a} = a$

Wenn für nicht-negative Zahlen a und x und eine natürliche Zahl n, $n > 1$, gilt: $a = x^n$, dann nennt man x die **n-te Wurzel von a**. Man schreibt: $x = \sqrt[n]{a}$.

Beispiel 1

Bestimme durch Ausprobieren: a) $\sqrt[4]{16}$ b) $\sqrt[6]{729}$ c) $\sqrt[5]{100\,000}$ d) $\sqrt[4]{6\,250\,000}$

Lösung:

a) $2 \cdot 2 \cdot 2 \cdot 2 = 16$; also $\sqrt[4]{16} = 2$

b) $3 \cdot 3 \cdot 3 \cdot 3 \cdot 3 \cdot 3 = 729$; also $\sqrt[6]{729} = 3$

c) $10 \cdot 10 \cdot 10 \cdot 10 \cdot 10 = 100\,000$; also $\sqrt[5]{100\,000} = 10$

d) $50 \cdot 50 \cdot 50 \cdot 50 = 6\,250\,000$; also $\sqrt[4]{6\,250\,000} = 50$

Beispiel 2

Bestimme mithilfe einer Intervallschachtelung auf zwei Nachkommastellen $\sqrt[3]{5}$.

Lösung:

$1{,}7^3 = 4{,}913$	$1{,}8^3 = 5{,}832$	also	$1{,}7 < \sqrt[3]{5} < 1{,}8$	
$1{,}70^3 = 4{,}913$	$1{,}71^3 = 5{,}000\,211$	also	$1{,}70 < \sqrt[3]{5} < 1{,}71$	
$1{,}709^3 = 4{,}991\,443\,829$	$1{,}71^3 = 5{,}000\,211$	also	$1{,}709 < \sqrt[3]{5} < 1{,}71$	$\sqrt[3]{5} \approx 1{,}71$

Definition:

Für $a \geqq 0$, p aus $\mathbb{Z}$ und q aus $\mathbb{N}$, $q \neq 0$, gilt: $a^{\frac{p}{q}} = \sqrt[q]{a^p}$

Insbesondere gilt für n aus $\mathbb{N}$, $n > 1$: $a^{\frac{1}{n}} = \sqrt[n]{a}$

Beispiel 3

a) Schreibe als Potenz: $\sqrt[5]{4^7}$ und $\sqrt[6]{2^{18}}$

b) Schreibe als Wurzel: $13^{\frac{3}{7}}$ und $4^{\frac{3}{6}}$

Lösung:

a) $\sqrt[5]{4^7} = 4^{\frac{7}{5}}$ und $\sqrt[6]{2^{18}} = 2^{\frac{18}{6}} = 2^3$

b) $13^{\frac{3}{7}} = \sqrt[7]{13^3}$ und $4^{\frac{3}{6}} = 4^{\frac{1}{2}} = \sqrt{4}$

Ist $a > 0$ eine reelle Zahl, x eine irrationale Zahl, dann gibt es genau eine reelle Zahl a^x. Diese Zahl a^x kann man mit einer Intervallschachtelung darstellen; hierzu kann man eine Intervallschachtelung für x zu Hilfe nehmen.

Beispiel 4

Gib 5 Schritte einer Intervallschachtelung für $5^{\sqrt{2}}$ mithilfe einer Intervallschachtelung für $\sqrt{2}$ an.

Lösung:

$1 < \sqrt{2} < 2$	also	5^1	$(= 5)$	$<$	$5^{\sqrt{2}}$	$< 5^2$	$(= 25)$
$1{,}4 < \sqrt{2} < 1{,}5$	also	$5^{1,4}$	$(= 9{,}5\ldots)$	$<$	$5^{\sqrt{2}}$	$< 5^{1,5}$	$(= 11{,}1\ldots)$
$1{,}41 < \sqrt{2} < 1{,}42$	also	$5^{1,41}$	$(= 9{,}6\ldots)$	$<$	$5^{\sqrt{2}}$	$< 5^{1,42}$	$(= 9{,}8\ldots)$
$1{,}414 < \sqrt{2} < 1{,}415$	also	$5^{1,414}$	$(= 9{,}73\ldots)$	$<$	$5^{\sqrt{2}}$	$< 5^{1,415}$	$(= 9{,}75\ldots)$
$1{,}4142 < \sqrt{2} < 1{,}4143$	also	$5^{1,4142}$	$(= 9{,}738\ldots)$	$<$	$5^{\sqrt{2}}$	$< 5^{1,4143}$	$(= 9{,}739\ldots)$

Also ist $5^{\sqrt{2}} \approx 9{,}74$.

3 Rechnen mit Potenzen und Wurzeln

Rechengesetze für Potenzen

Sind a, b, r, s reelle Zahlen und a und b positiv, so gilt

für Potenzen **mit gleicher Basis**: $a^r \cdot a^s = a^{r+s}$ und $a^r : a^s = a^{r-s}$

für Potenzen **mit gleichen Exponenten**: $a^r \cdot b^r = (a \cdot b)^r$ und $a^r : b^r = (a : b)^r$

für Potenzen von Potenzen: $(a^r)^s = a^{r \cdot s}$

Beispiel 1 Gleiche Basis

Vereinfache. a) $a^7 \cdot a^{-10}$ b) $y^{\frac{1}{2}} : y$ c) $\frac{b^{3\sqrt{2}+1}}{b^{2\sqrt{2}-2}}$

Lösung:

a) $a^7 \cdot a^{-10} = a^{7-10} = a^{-3}$

b) $y^{\frac{1}{2}} : y = y^{\frac{1}{2}} : y^1 = y^{\frac{1}{2}-1} = y^{-\frac{1}{2}}$

c) $\frac{b^{3\sqrt{2}+1}}{b^{2\sqrt{2}-2}} = b^{(3\sqrt{2}+1)-(2\sqrt{2}-2)} = b^{3\sqrt{2}+1-2\sqrt{2}+2} = b^{\sqrt{2}+3}$

Beispiel 2 Gleicher Exponent

Vereinfache.

a) $4^{13} \cdot 0{,}25^{13}$ b) $12^3 : 3^3$ c) $2^n \cdot 5^n$

d) $a^{3k}(2a-5)^{3k}$ e) $\frac{(16a)^{7x}}{a^{7x}}$ f) $\frac{a^7}{b^4} : \frac{c^7}{b^2}$

Lösung:

a) $4^{13} \cdot 0{,}25^{13} = (4 \cdot 0{,}25)^{13} = 1^{13} = 1$

b) $12^3 : 3^3 = (12 : 3)^3 = 4^3 = 64$

c) $2^n \cdot 5^n = (2 \cdot 5)^n = 10^n$

d) $a^{3k}(2a-5)^{3k} = [a(2a-5)]^{3k} = (2a^2-5a)^{3k}$

e) $\frac{(16a)^{7x}}{a^{7x}} = \left(\frac{16a}{a}\right)^{7x} = 16^{7x}$

f) $\frac{a^7}{b^4} : \frac{c^7}{b^2} = \frac{a^7 \cdot b^2}{b^4 \cdot c^7} = \frac{a^7}{c^7} \cdot \frac{b^2}{b^4} = \left(\frac{a}{c}\right)^7 \cdot \frac{1}{b^2}$

Beispiel 3 Potenzen von Potenzen

Berechne. a) $(2^5)^2$ b) $\frac{(16a^4b^{-5})^{-3}}{(8a^{-3}b^2)^{-4}}$ c) $\frac{(b^3-b^2a)^2}{(a-b)^3}$

Lösung:

a) $(2^5)^2 = 2^{5 \cdot 2} = 2^{10} = 1024$

b) $\frac{(16a^4b^{-5})^{-3}}{(8a^{-3}b^2)^{-4}} = \frac{2^{-12} \cdot a^{-12} \cdot b^{15}}{2^{-12} \cdot a^{12} \cdot b^{-8}} = a^{-24} \cdot b^{23}$

c) $\frac{(b^3-b^2a)^2}{(a-b)^3} = \frac{(b^2(b-a))^2}{(a-b)^3} = \frac{(b^2)^2(b-a)^2}{(a-b)^3} = \frac{b^4(a-b)^2}{(a-b)^3} = \frac{b^4}{(a-b)}$

Beispiel 4 Ausklammern

Vereinfache.

a) $a \cdot (a+b)^k + b \cdot (a+b)^k$

b) $\frac{5a^8+6a^9}{18a^{12}+15a^{11}}$

c) $(r^5+r^7)(r^6-r^8)$

d) $\frac{a^{k+2}-k^2a^k}{a^k-ka^{k-1}}$, für $a \neq k$.

Lösung:

a) $a \cdot (a+b)^k + b \cdot (a+b)^k = (a+b)(a+b)^k = (a+b)^{k+1}$

b) *Klammere im Zähler und im Nenner jeweils die Potenz von a mit dem kleinsten Exponenten aus.*

$$\frac{5a^8+6a^9}{18a^{12}+15a^{11}} = \frac{a^8(5+6a)}{a^{11}(18a+15)} = \frac{a^8(5+6a)}{a^{11} \cdot 3 \cdot (6a+5)} = \frac{1}{3a^3} = \frac{1}{3}a^{-3}$$

c) $(r^5+r^7)(r^6-r^8) = r^5(1+r^2)r^6(1-r^2) = r^{11}(1-r^4)$

d) $\frac{a^{k+2}-k^2a^k}{a^k-ka^{k-1}} = \frac{a^k(a^2-k^2)}{a^{k-1}(a-k)} = \frac{a(a^2-k^2)}{(a-k)} = a(a+k)$

Beispiel 5 Binomische Formeln
Vereinfache.

a) $(a+b)^3 : (a^2 + 2ab + b^2)^{-4}$ b) $\frac{(1-x^4)^2}{1+x^2}$ c) $\frac{(5x^3 - 125x)^2}{(2x-10)^{-3}}$

Lösung:

a) $(a+b)^3 : (a^2 + 2ab + b^2)^{-4} = (a+b)^3 : ((a+b)^2)^{-4} = (a+b)^3 : (a+b)^{-8} = (a+b)^{11}$

b) $1 - x^4 = (1-x^2)(1+x^2)$ *nach der 3. binomischen Formel.*

$\frac{(1-x^4)^2}{1+x^2} = \frac{[(1-x^2)(1+x^2)]^2}{1+x^2} = (1-x^2)^2(1+x^2)$

c) *Klammere im Zähler 5x und im Nenner 2 aus und benutze die 3. binomische Formel.*

$\frac{(5x^3 - 125x)^2}{(2x-10)^{-3}} = \frac{[5x(x^2-25)]^2}{[(2(x-5)]^{-3}} = \frac{(5x)^2(x^2-25)^2}{2^{-3}(x-5)^{-3}} = \frac{(5x)^2[(x-5)(x+5)]^2}{2^{-3}(x-5)^{-3}} = \frac{(5x)^2(x-5)^2(x+5)^2}{2^{-3}(x-5)^{-3}} =$

$= 5^2x^2(x-5)^2(x+5)^2 \cdot 2^3(x-5)^3 = 200x^2(x-5)^2(x+5)^2$ für $x \neq 5$.

Beispiel 6

Schreibe mit nur einem Wurzelzeichen: a) $\sqrt[4]{13} \cdot \sqrt{13}$ b) $\sqrt[5]{\sqrt[3]{11}}$

Lösung:

a) *1. Schritt: Wandle in Potenzschreibweise um.* $\sqrt[4]{13} \cdot \sqrt{13} = 13^{\frac{1}{4}} \cdot 13^{\frac{1}{2}}$

2. Schritt: Rechne mithilfe der Potenzgesetze. $= 13^{\frac{1}{4}+\frac{1}{2}} = 13^{\frac{3}{4}}$

3. Schritt: Schreibe das Ergebnis mithilfe einer Wurzel. $= \sqrt[4]{13^3}$

b) $\sqrt[5]{\sqrt[3]{11}} = \sqrt[5\cdot 3]{11} = \sqrt[15]{11}$ oder $\sqrt[5]{\sqrt[3]{11}} = \left(11^{\frac{1}{3}}\right)^{\frac{1}{5}} = 11^{\frac{1}{3}\cdot\frac{1}{5}} = 11^{\frac{1}{15}} = \sqrt[15]{11}$

Beispiel 7

Radiziere $\sqrt[3]{54}$ teilweise.

Lösung:

$\sqrt[3]{54} = 54^{\frac{1}{3}} = (3^3 \cdot 2)^{\frac{1}{3}} = (3^3)^{\frac{1}{3}} \cdot 2^{\frac{1}{3}} = 3 \cdot 2^{\frac{1}{3}} = 3\sqrt[3]{2}$ oder $\sqrt[3]{54} = \sqrt[3]{3^3 \cdot 2} = \sqrt[3]{3^3} \cdot \sqrt[3]{2} = 3\sqrt[3]{2}$

Beispiel 8

Schreibe als eine Wurzel aus einem Term: a) $\sqrt[3]{7} \cdot 5$ b) $\sqrt[a]{x} \cdot x$

Lösung:

a) $\sqrt[3]{7} \cdot 5 = \sqrt[3]{7} \cdot \sqrt[3]{5^3} = \sqrt[3]{7 \cdot 5^3} = \sqrt[3]{7 \cdot 125} = \sqrt[3]{875}$ b) $\sqrt[a]{x} \cdot x = \sqrt[a]{x} \cdot \sqrt[a]{x^a} = \sqrt[a]{x \cdot x^a} = \sqrt[a]{x^{a+1}}$

Beispiel 9

Mache den Nenner rational: a) $\frac{1}{\sqrt[3]{5}}$ b) $\sqrt[5]{\frac{3}{4}}$

Lösung:

Erweitere so, dass der Nenner die Form $\left(\sqrt[a]{b}\right)^a$ *erhält.*

a) $\frac{1}{\sqrt[3]{5}} = \frac{\sqrt[3]{5^2}}{\sqrt[3]{5} \cdot \sqrt[3]{5^2}} = \frac{\sqrt[3]{5^2}}{5}$ b) $\sqrt[5]{\frac{3}{4}} = \frac{\sqrt[5]{3}}{\sqrt[5]{4}} = \frac{\sqrt[5]{3} \cdot \sqrt[5]{4^4}}{\sqrt[5]{4} \cdot \sqrt[5]{4^4}} = \frac{\sqrt[5]{3 \cdot 4^4}}{4} = \frac{\sqrt[5]{768}}{4}$

Beispiel 10

Vereinfache $\sqrt[3]{54} + \sqrt[3]{128}$.

Lösung:

Es handelt sich um eine Summe, also klammere aus: hier $\sqrt[3]{2}$.

$\sqrt[3]{54} + \sqrt[3]{128} = \sqrt[3]{2 \cdot 27} + \sqrt[3]{2 \cdot 64} = \sqrt[3]{2} \cdot \sqrt[3]{27} + \sqrt[3]{2} \cdot \sqrt[3]{64} = \sqrt[3]{2} \cdot (3+4) = 7\sqrt[3]{2}$

1 Potenzfunktionen der Form $x \mapsto x^n$

Eine Funktion der Form $x \mapsto x^n$ (n aus $\mathbb{N}$) nennt man **Potenzfunktion (n-ten Grades)**. Falls $n > 1$ ist, heißt ihr Graph **Parabel (n-ter Ordnung)**.

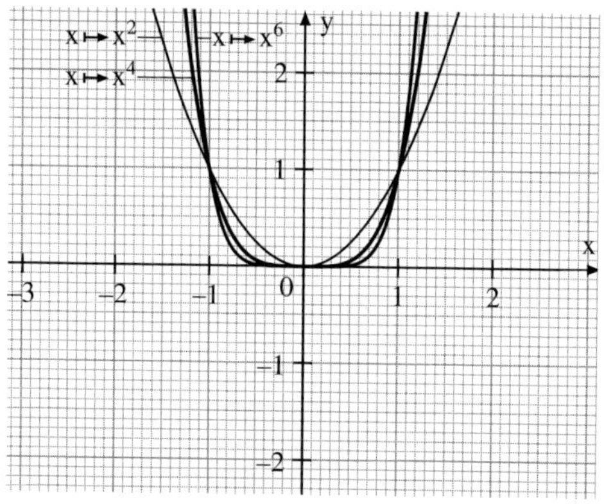

Eigenschaften von Funktionen $f: x \mapsto x^n$ mit **geradem** Exponenten n:

1. Für alle x ist $f(x) \geqq 0$.
Der Graph verläuft „oberhalb" der x-Achse.
2. Für jede Zahl x gilt $f(-x) = f(x)$.
Der Graph ist symmetrisch zur y-Achse.
3. Der kleinste Funktionswert ist 0.
Der „tiefste" Punkt $S(0|0)$ heißt Scheitel.
4. Für alle $x_1, x_2 \leqq 0$ gilt: Wenn $x_1 < x_2$ ist, dann ist $f(x_1) > f(x_2)$. Man sagt:
f ist für $x \leqq 0$ **streng monoton fallend**.
5. Für alle $x_1, x_2 \geqq 0$ gilt: Wenn $x_1 < x_2$ ist, dann ist $f(x_1) < f(x_2)$. Man sagt:
f ist für $x \leqq 0$ **streng monoton steigend**.

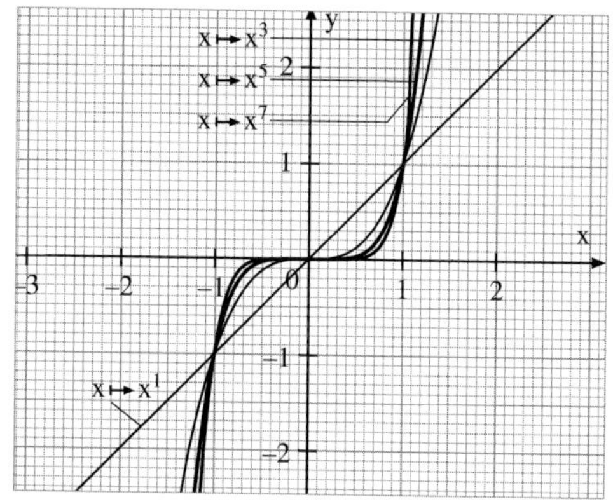

Eigenschaften von Funktionen $f: x \mapsto x^n$ mit **ungeradem** Exponenten n:

1. Für alle $x \geqq 0$ ist $f(x) \geqq 0$, und für alle $x < 0$ ist $f(x) < 0$.
2. Für jede Zahl x gilt $f(-x) = -f(x)$.
Der Graph ist punktsymmetrisch zu $O(0|0)$.
3. Für alle x_1, x_2 gilt: Wenn $x_1 < x_2$ ist, dann ist $f(x_1) < f(x_2)$. Man sagt:
f ist überall **streng monoton steigend**.

Beispiel

Skizziere die Graphen von $f: x \mapsto x^3$ und g. Wie kann man sich den Graphen von g aus dem Graphen von f entstanden denken?

a) $g: x \mapsto x^3 + 1$
b) $g: x \mapsto (x-1)^3$
c) $g: x \mapsto 2x^3$

Lösung:

a) Der Graph von f wurde um eine Einheit entlang der y-Achse nach oben verschoben.
b) Der Graph von f wurde um eine Einheit entlang der x-Achse nach rechts verschoben.
c) Multipliziert man die y-Koordinaten der Punkte des Graphen von f mit 2, so erhält man die y-Koordinaten der Punkte des Graphen von g.

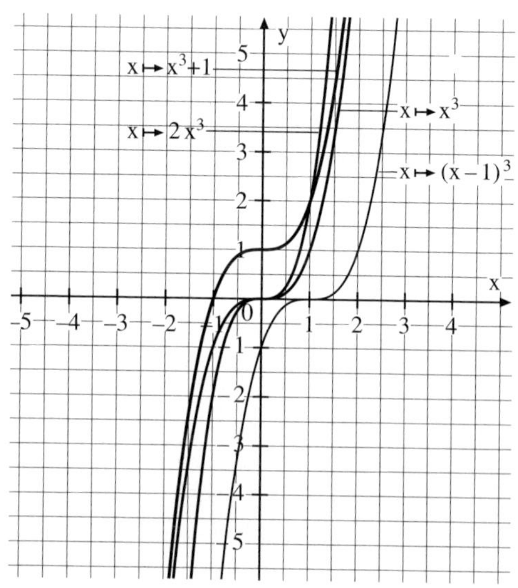

2 Potenzfunktionen der Form $x \mapsto x^{-n}$

Die Graphen von Funktionen der Form $x \mapsto x^n$ (n aus $\mathbb{N}$, $n \neq 0$) nennt man ***Hyperbeln****.*

Funktionen der Form $x \mapsto x^{-n}$ heißen auch ***Potenzfunktionen****.*

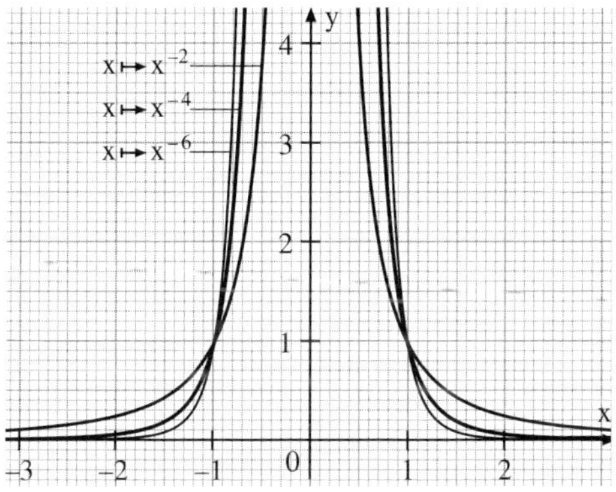

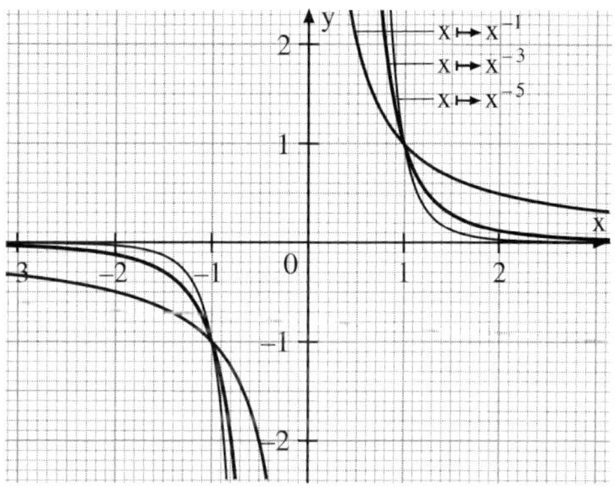

Eigenschaften von Funktionen $f: x \mapsto x^{-n}$ mit **geradem** Exponenten n:
1. f ist für $x = 0$ nicht definiert.
2. Nähert sich x der Zahl 0, so wird f(x) immer größer.
3. Wird |x| immer größer, so nähert sich f(x) immer mehr der Zahl 0.
4. Für alle x mit $x \neq 0$ gilt: $f(-x) = f(x)$. Der Graph ist symmetrisch zur y-Achse.
5. f ist für $x < 0$ streng monoton steigend und für $x > 0$ ist f streng monoton fallend.

Eigenschaften von Funktionen $f: x \mapsto x^{-n}$ mit **ungeradem** Exponenten n:
1. f ist für $x = 0$ nicht definiert.
2. Nähert sich x mit $x < 0$ ($x > 0$) der Zahl Null, so wird f(x) immer kleiner (größer).
3. Wird |x| immer größer, so nähert sich f(x) immer mehr der Zahl 0.
4. Für alle x mit $x \neq 0$ gilt: $f(-x) = -f(x)$. Der Graph ist punktsymmetrisch zu $O(0|0)$.
5. f ist für $x < 0$ und $x > 0$ jeweils streng monoton fallend.

Anmerkungen:
1. Die Eigenschaften gelten auch für Funktionen $f: x \mapsto a \cdot x^{-n}$ mit $a > 0$ und ihre Graphen.
2. „Schmiegt" sich ein Graph an eine Gerade an, so heißt diese Gerade **Asymptote** des Graphen (vergleiche jeweils die Eigenschaften, die in 2. und 3. beschrieben werden). Die x-Achse und die y-Achse sind Asymptoten der Graphen von $x \mapsto x^{-n}$.

Beispiel

Beschreibe die Symmetrie des Graphen, die Monotonie von f und gib die Asymptoten an.

a) $f: x \mapsto x^{-3} - 4$ b) $f: x \mapsto (x + 3)^{-4} + 5$

Lösung:

a) *Verschiebt man den Graphen von $x \mapsto x^{-3}$ um –4 Einheiten in Richtung der y-Achse (d. h. um 4 „nach unten"), so erhält man den Graphen von f.*
Der Graph von f ist symmetrisch zum Punkt $P(0|-4)$.
f ist für alle $x < 0$ und für alle $x > 0$ streng monoton fallend.
Die y-Achse und die Parallele zur x-Achse durch den Punkt $P(0|-4)$ sind Asymptoten.

b) *$(x + 3) = (x - (-3))$. Also: Verschiebt man den Graphen von $x \mapsto x^{-4}$ um –3 Einheiten in Richtung der x-Achse (d. h. um 3 „nach links") und „um 5 nach oben", so erhält man den Graphen von f.*
Der Graph von f ist achsensymmetrisch zur Parallelen zur y-Achse durch den Punkt $P(-3|0)$. Diese Parallele ist auch Asymptote.
f ist für $x < -3$ streng monoton steigend und für $x > -3$ streng monoton fallend.
Die Parallele zur x-Achse durch $P(-3|5)$ ist auch Asymptote.

3 Umkehrfunktion, Funktionen der Form $x \mapsto x^{\frac{1}{n}}$

Zu jeder Funktion gibt es eine passende **Umkehrzuordnung**, die die jeweilige Zuordnung wieder rückgängig macht.

Funktion: $x \mapsto 2x + 1$	**Umkehrzuordnung:** $x \mapsto 0{,}5x - 0{,}5$
$0 \mapsto 1$	$1 \mapsto 0$
$1 \mapsto 3$	$3 \mapsto 1$
$2 \mapsto 5$	$5 \mapsto 2$

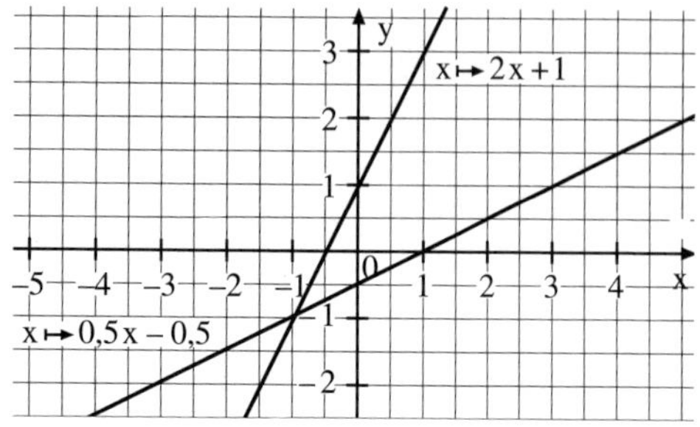

Zur Erinnerung:
*Eine Funktion ist eine **eindeutige Zuordnung**, d. h.: Eine Funktion ordnet einem Element der Definitionsmenge jeweils **genau ein** Element der Wertemenge zu.*

Den Graphen einer Umkehrzuordnung erhält man, wenn man den Graphen der ursprünglichen Funktion an der Geraden g mit der Gleichung $y = x$ spiegelt.

Ist die Umkehrzuordnung einer Funktion f wieder eine Funktion, dann heißt die Funktion f **umkehrbar**; ihre Umkehrzuordnung nennt man eine **Umkehrfunktion**.

Eine Potenzfunktion $x \mapsto x^n$ mit n aus $\mathbb{N}$, $n \neq 0$, und der Definitionsmenge $\{x \mid x \text{ aus } \mathbb{R} \text{ und } x \geqq 0\}$ ist umkehrbar. Ihre Umkehrfunktion ist die Funktion $x \mapsto x^{\frac{1}{n}}$ bzw. $x \mapsto \sqrt[n]{x}$ mit der Definitionsmenge $\{x \mid x \text{ aus } \mathbb{R} \text{ und } x \geqq 0\}$.

Beispiel

Skizziere den Graphen. Entscheide anhand des Graphen, ob die Funktion umkehrbar ist. Gib ggf. die Umkehrfunktion mit ihrer Definitionsmenge an und skizziere ihren Graphen.

a) $x \mapsto (x + 2)^2$; Definitionsmenge $\mathbb{R}$

b) $x \mapsto x^2 + 1$; Definitionsmenge $\{x \mid x \text{ aus } \mathbb{R} \text{ und } x \geqq 0\}$

Lösung:

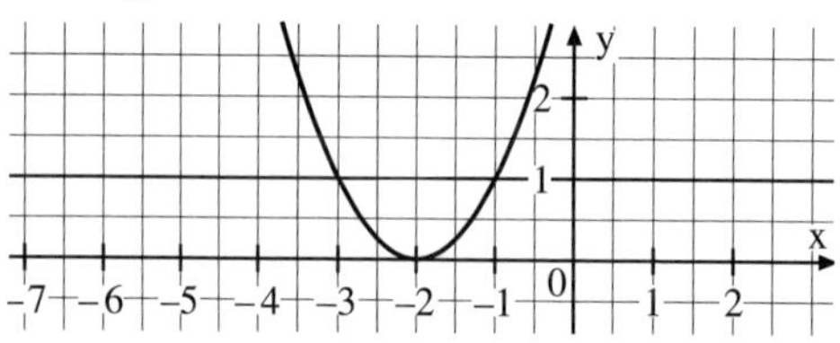

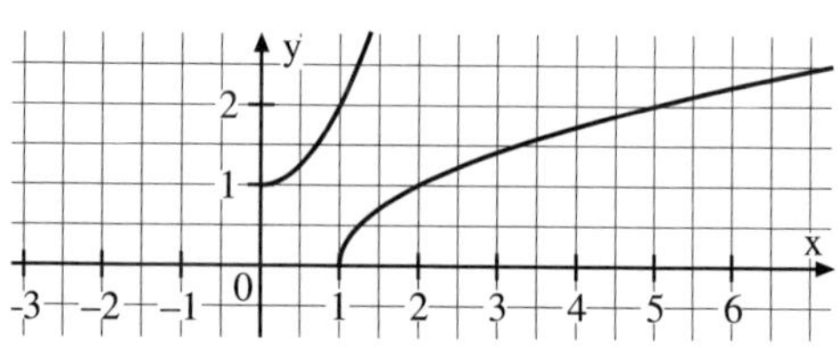

a) *Die eingezeichnete Parallele zur x-Achse schneidet den Graphen in $P(-3 \mid 1)$ und $Q(-1 \mid 1)$. Den Zahlen -3 und -1 wird derselbe y-Wert 1 zugeordnet. Die Umkehrzuordnung ordnet der Zahl 1 die Zahlen -1 und -3 zu, es gilt:* Die Umkehrzuordnung ist keine Funktion.

b) *Es gibt keine Parallele zur x-Achse, die den Graphen der gegebenen Funktion zweimal schneidet; d. h. zu jedem x-Wert gibt es nur einen einzigen y-Wert.*

Die Funktion $x \mapsto x^2 + 1$ ist umkehrbar. *Berechnung der Funktionvorschrift:*

Gleichung der gegebenen Funktion:	$y = x^2 + 1$
nach x auflösen:	$x^2 = y - 1$
weil $x \geqq 0$:	$x = \sqrt{y - 1}$
x und y vertauschen:	$y = \sqrt{x - 1}$
Funktionsvorschrift:	$x \mapsto \sqrt{x - 1}$
Definitionsmenge:	$\{x \mid x \text{ aus } \mathbb{R} \text{ und } x \geqq 1\}$

4 Potenzgleichungen

Gleichungen der Form $x^n = a$, n aus $\mathbb{N}$, $n > 1$, heißen **Potenzgleichungen**.

Für **gerade** Exponenten n gilt:
Eine Gleichung der Form $x^n = a$ hat
– keine Lösung, falls $a < 0$
– die einzige Lösung $x = 0$, falls $a = 0$
– genau zwei Lösungen, falls $a > 0$.
Ist $a > 0$, so hat die Gleichung die Lösung $x_1 = \sqrt[n]{a}$, denn $\left(\sqrt[n]{a}\right)^n = a$. Weil der Graph von $x \mapsto x^n$ symmetrisch zur y-Achse ist, ist $x_2 = -\sqrt[n]{a}$ die zweite Lösung.

Für **ungerade** Exponenten n gilt:
Eine Gleichung der Form $x^n = a$ hat eine einzige Lösung, denn der Graph von $x \mapsto x^n$ schneidet die x-Achse nur einmal.
Ist $a \geqq 0$, so hat diese Gleichung die Lösung $x = \sqrt[n]{a}$, denn $\left(\sqrt[n]{a}\right)^n = a$.
Ist $a < 0$, so hat diese Gleichung die Lösung $x = -\sqrt[n]{|a|}$, denn
$\left(-\sqrt[n]{|a|}\right)^n = (-1)^n \cdot \left(\sqrt[n]{|a|}\right)^n = (-1) \cdot |a| = a$.

Beispiel 1
Bestimme die Lösungsmenge: a) $x^4 = 625$ b) $x^4 = -625$ c) $x^3 = 625$ d) $x^3 = -625$
Lösung:
a) $x_1 = \sqrt[4]{625} = 5$; $x_2 = -\sqrt[4]{625} = -5$; $L = \{-5; 5\}$ b) $L = \{\,\}$
c) $x = \sqrt[3]{625}$ d) $x = -\sqrt[3]{625}$

Beispiel 2
Bestimme die Lösungsmenge: a) $x^{\frac{1}{4}} = 3$ b) $x^{\frac{3}{4}} = 5$
Lösung:
a) $x^{\frac{1}{4}} = 3$ bedeutet $\sqrt[4]{x} = 3$; damit ist $x = 3^4 = 81$.
b) $x^{\frac{3}{4}} = 5$ bedeutet $\sqrt[4]{x^3} = 5$; damit ist $x^3 = 5^4$; also: $x = \sqrt[3]{5^4} = 5^{\frac{4}{3}}$
Lösungsmenge: $L = \left\{5\sqrt[3]{5}\right\}$. *Beachte:* $x^{\frac{3}{4}}$ *ist nur für* $x \geqq 0$ *definiert.*

Gleichungen der Form $x^{\frac{p}{q}} = a$ heißen auch ***Potenzgleichungen****.*

Das Beispiel zeigt, dass man eine Gleichung der Form $x^{\frac{p}{q}} = a$ mit p, q aus $\mathbb{N}$ und $p, q > 0$ durch „Potenzieren" beider Seiten der Gleichung mit $\frac{q}{p}$ lösen kann.

Beispiel 3
Bestimme die Lösungsmenge:
a) $(2x - 1)^4 = 16$ b) $(5x - 3)^3 + 8 = 0$
Lösung:
a) *Ersetze* $(2x - 1)$ *durch eine neue Variable. Dieses Vorgehen nennt man Substiution.*
Substitution: $(2x - 1) = z$ ergibt die neue Gleichung $z^4 = 16$.
Lösungen der neuen Gleichung: $z_1 = 2$; $z_2 = -2$.
Mache die Substitution rückgängig:
$(2x - 1) = 2$; $L_1 = \left\{\frac{3}{2}\right\}$; $(2x - 1) = -2$; $L_2 = \left\{-\frac{1}{2}\right\}$, also $L = \left\{-\frac{1}{2}; \frac{3}{2}\right\}$.
b) Substitution $(5x - 3) = z$ ergibt die neue Gleichung $z^3 + 8 = 0$.
Lösung der neuen Gleichung $z = -2$.
Rückgängig machen der Substitution:
$$5x - 3 = -2 \quad | +3$$
$$5x = 1 \quad | :5$$
$$x = \tfrac{1}{5}$$
Also $L = \left\{\frac{1}{5}\right\}$.

VII Exponentialfunktionen

1 Wachstumsvorgänge

Z. B. Anfangswert b =2, Wachstumsrate d = 0,5.

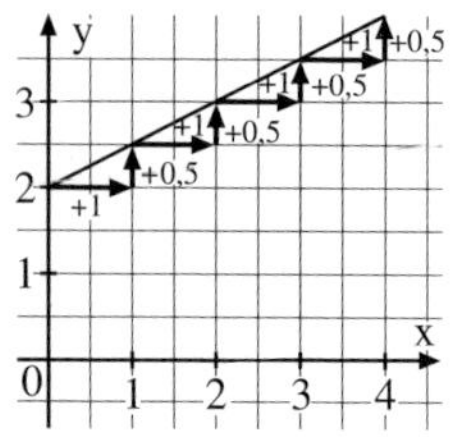

Ein solches Wachstum nennt man ***lineares Wachstum.***

Z. B. Anfangswert b =0,9, Wachstumfaktor q = 1,5.

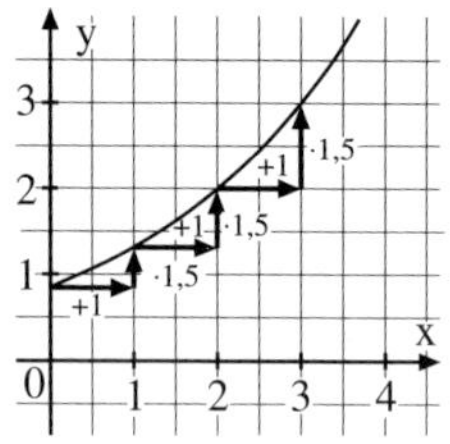

Ein solches Wachstum nennt man ***exponentielles Wachstum.***

Wachstumsvorgänge kann man durch Funktionen $f\colon x \mapsto y$ beschreiben.
Den Funktionswert von 0, also f(0), nennt man **Anfangswert**.

Zwei Formen des Wachstums treten besonders häufig auf:

Lineares Wachstum:
Nimmt die 1. Größe um 1 zu, so wächst die 2. Größe jeweils um eine **feste Wachstumsrate d**.

Exponentielles Wachstum:
Nimmt die 1. Größe um 1 zu, so wächst die 2. Größe jeweils mit einem **festen Wachstumsfaktor q**.

Beispiel 1

Beschreibe die Form des Wachstums. Zeichne den Graphen der zugehörigen Funktion.
a) Bei 20 °C ist die Quecksilbersäule eines Thermometers 15 mm hoch. Sie „steigt" bei einer Temperaturerhöhung um 1 °C jeweils um 0,5 mm.
b) Eine 1,2 m lange Alge vergrößert täglich ihre Länge um 30 %.
c) Ein Motor enthält 4000 cm³ Öl. Er verbraucht 200 cm³ Öl auf 1000 km.
d) Ein 35 000 € teurer Pkw verliert jährlich 25 % seines Zeitwertes.

Lösung:

a) Lineares Wachstum mit:
Wachstumsrate: 0,5 mm (je °C)
Anfangswert: 15 mm

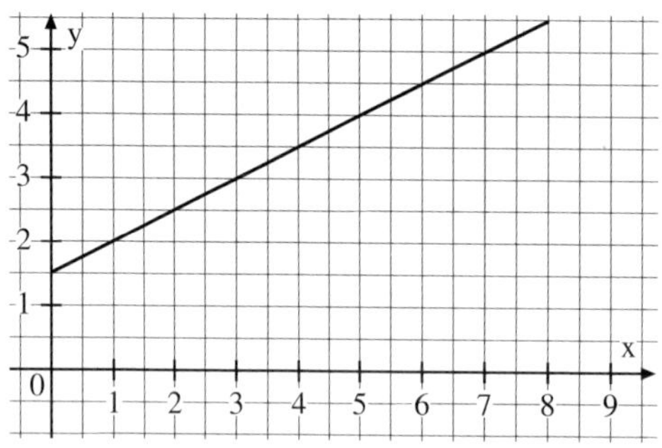

b) Exponentielles Wachstum mit:
Wachstumsfaktor: $1 + \frac{30}{100} = 1{,}3$
Anfangswert: 1,2 m

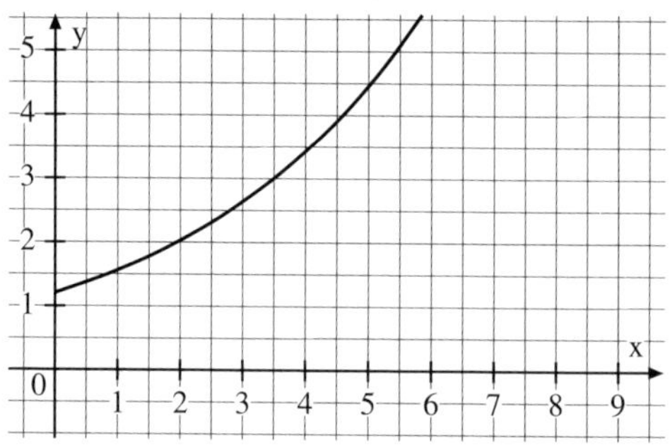

Bei einer Abnahme spricht man auch von ***negativem Wachstum.*** *(Die Wachstumsrate d bei linearem Wachstum ist negativ, aber der Wachstumsfaktor q bei exponentiellem Wachstum ist trotzdem positiv: 0 < q < 1.)*

c) Lineares Wachstum (Abnahme) mit:
Wachstumsrate: 0,2 *l* (auf 1000 km)
Anfangswert: 4 *l*

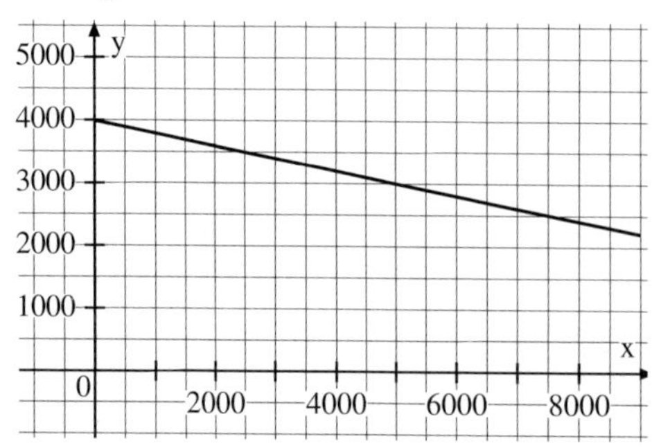

d) Exponentielles Wachstum (Abnahme) mit: Wachstumsfaktor: $1 - \frac{25}{100} = 0{,}75$
Anfangswert: 35 000 €

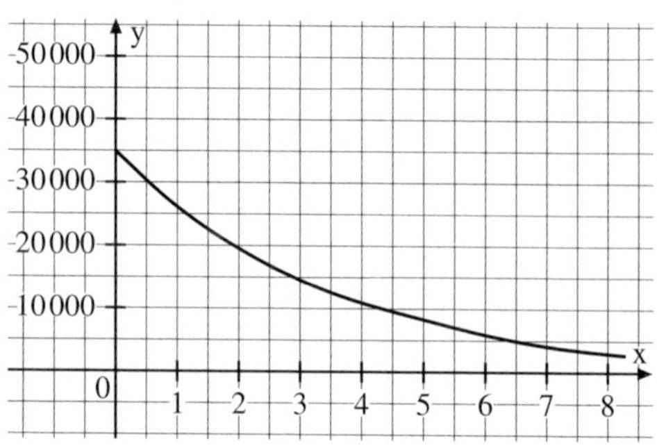

2 Exponentialfunktionen

Funktionen der Form $x \mapsto a^x$ für $a > 0$ und $a \neq 1$ nennt man **Exponentialfunktionen.** Sie sind für alle reellen Zahlen x definiert, ihre Funktionswerte sind stets positiv.

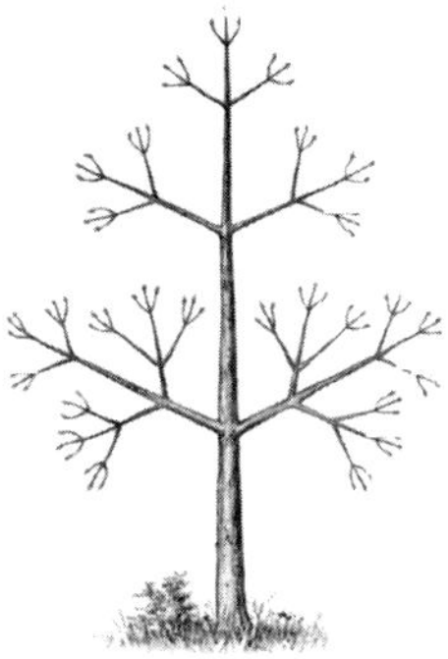

Dieses Bäumchen verdreifacht die Anzahl seiner Äste pro Wachstumsschub. Der Wachstumsfaktor beträgt 3.

Eigenschaften der Exponentialfunktion $\mathbf{x \mapsto a^x}$ (vgl. auch den Graph rechts):

1. Ist $a > 1$, so ist die Funktion $x \mapsto a^x$ überall streng monoton wachsend; ist $0 < a < 1$, so ist die Funktion $x \mapsto a^x$ überall streng monoton fallend.
2. Alle Graphen von $x \mapsto a^x$ gehen durch den Punkt $P(0|1)$.
3. Die Graphen von $x \mapsto a^x$ und $x \mapsto \left(\frac{1}{a}\right)^x$ liegen symmetrisch zur y-Achse.
4. Für $f: x \mapsto a^x$ gilt: $f(u + v) = f(u) \cdot f(v)$.

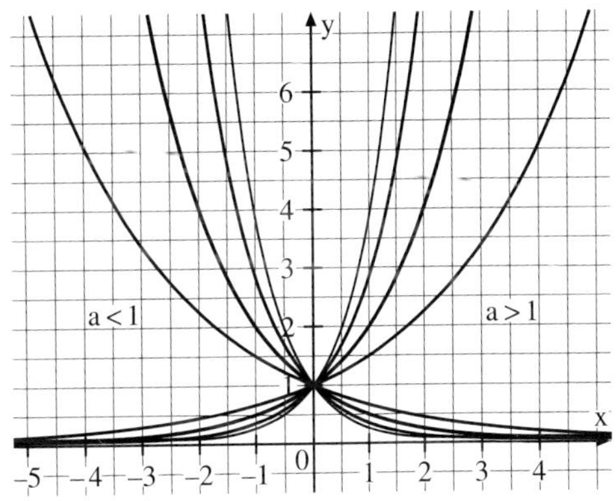

Man nennt auch Funktionen der Art $f: x \mapsto b \cdot a^x$ Exponentialfunktionen. Sie beschreiben exponentielles Wachstum mit dem Wachstumsfaktor a und dem Anfangswert $f(0) = b$. Den Übergang von $x \mapsto a^x$ zu $x \mapsto b \cdot a^x$ kann man als eine „Streckung" des Graphen in Richtung der y-Achse mit dem Faktor b auffassen (Figur links), aber auch als eine Verschiebung parallel zur x-Achse (Figur rechts), denn $a^{x+d} = a^d \cdot a^x = b \cdot a^x$ für d mit $b = a^d$.

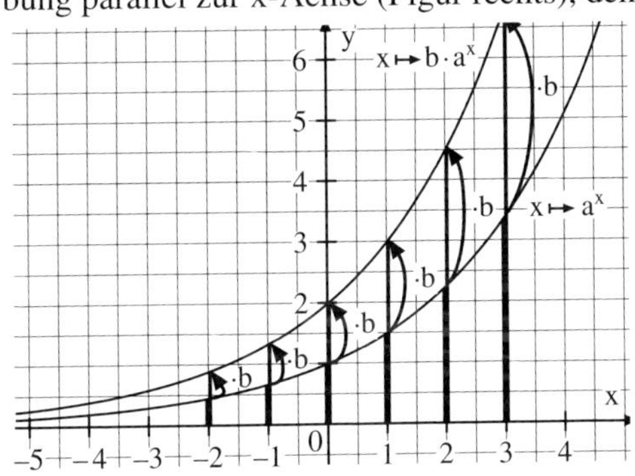

$a = 1{,}5$ und $b = 2$

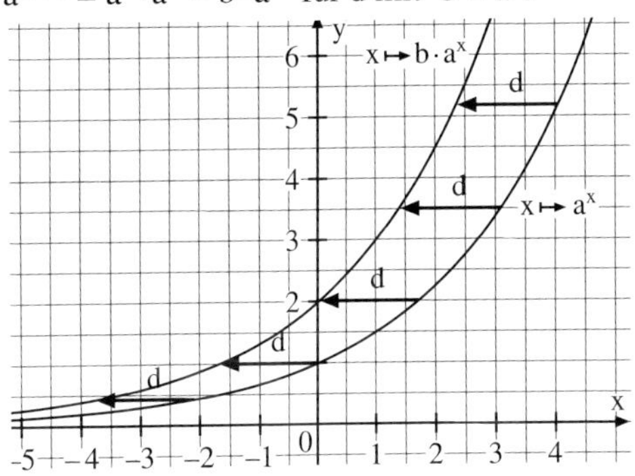

$a = 1{,}5$; $b = 2$ und $d \approx 1{,}7$

Beispiel 1

Bestimme die Exponentialfunktion $x \mapsto a^x$, deren Graph durch

a) $P(2|7)$ b) $Q(-4|16)$ geht.

Lösung:

a) Aus $a^2 = 7$ folgt $a = \sqrt{7}$, also $x \mapsto \left(\sqrt{7}\right)^x$ b) Aus $a^{-4} = 16$ folgt $a = \frac{1}{2}$, also $x \mapsto \left(\frac{1}{2}\right)^x$

Beispiel 2

Wie ändert sich der Funktionswert $f(x)$ von $x \mapsto f(x) = 4^x$, wenn x um d zunimmt?

Lösung:

Der Funktionswert wird mit dem Faktor 4^d vergrößert, denn $f(x + d) = 4^{x+d} = 4^x \cdot 4^d$.

3 Bestimmung von Exponentialfunktionen

Der Graph der Funktion $x \mapsto b \cdot a^x$ geht durch die Punkte $(0|b)$ und $(1|ab)$.

Beispiel 1

Bestimme a und b so, dass der Graph der Exponentialfunktion $x \mapsto b \cdot a^x$ durch
a) $(-2|25)$ und $(0{,}5|\frac{25}{32})$ b) $(0|3{,}6)$ und $(1|2{,}4)$ geht.

Lösung:

a) *Einsetzen in den Funktionsterm:* $b \cdot a^{-2} = 25$ und $b \cdot a^{0{,}5} = \frac{25}{32}$

Auflösen der ersten Gleichung nach b: $b = 25 \cdot a^2$

Einsetzen in die zweite Gleichung: $25\,a^2 \cdot a^{0{,}5} = \frac{25}{32}$; $a^{2{,}5} = \frac{1}{32}$ bzw. $a^{\frac{5}{2}} = \frac{1}{32}$

Potenzieren mit $\frac{2}{5}$, um a^1 zu erhalten: $a = \left(\frac{1}{32}\right)^{\frac{2}{5}} = \frac{1}{4}$

Berechnung von b durch Einsetzen in die erste Gleichung: $b \cdot \left(\frac{1}{4}\right)^{-2} = 25$; $16\,b = 25$; $b = \frac{25}{16}$

Die Funktion lautet $x \mapsto \frac{25}{16} \cdot \left(\frac{1}{4}\right)^x$.

b) *Der Graph soll durch (0 | 3,6) gehen, damit ist:* $b = 3{,}6$

Der Graph soll auch durch (1 | 2,4) gehen, damit ist: $a \cdot b = 2{,}4$; also $a = \frac{2}{3}$

Die Funktion lautet $x \mapsto 3{,}6 \cdot \left(\frac{2}{3}\right)^x$.

Beispiel 2

Gegeben ist die Funktion $x \mapsto 3^{2x-4}$. Schreibe sie in der Form $x \mapsto b \cdot a^x$.

Lösung:

Forme den Funktionsterm um und wende dazu die Potenzgesetze an:

$3^{2x-4} = 3^{2x} \cdot 3^{-4} = 3^{-4} \cdot (3^2)^x = \frac{1}{81} \cdot 9^x$, also $x \mapsto \frac{1}{81} \cdot 9^x$.

Beim exponentiellen Wachstum ändert sich in gleichen (Zeit-)Abständen eine beobachtete Größe stets um den gleichen Faktor. Naturwissenschaftler beschreiben Wachstums- und Abnahmeprozesse oft durch die Zeit, in der sich eine Größe verdoppelt oder halbiert:

Verdoppelungzeit T_D nennt man die Zeit, in der sich jeweils der Funktionswert verdoppelt.
Halbwertszeit T_H nennt man die Zeit, in der sich jeweils der Funktionswert halbiert.

Beispiel 3

a) Strontium 90 hat eine Halbwertszeit von 28 Jahren. Gib den Wachstumsfaktor für 1 Jahr an. Wie viel Prozent beträgt die jährliche Abnahme?

b) Zu Beginn einer Beobachtung sind 350 mg Strontium 90 vorhanden. Bestimme die Exponentialfunktion, die den Zerfall von Strontium 90 mit diesem Anfangswert beschreibt.

Lösung:

a) *Der Zerfall des Strontium 90 wird durch eine Funktion der Form $x \mapsto b \cdot a^x$ beschrieben.*

Nach der Halbwertszeit T_H gilt: $b \cdot a^{T_H} = \frac{1}{2} b$

Setze die gegebene Halbwertszeit ein: $b \cdot a^{28} = \frac{1}{2} b$

Daraus folgt (da $b \neq 0$): $a^{28} = \frac{1}{2}$; $a = \left(\frac{1}{2}\right)^{\frac{1}{28}} \approx 0{,}976$

Aus $a \approx 0{,}976$ (97,6 %) ergibt sich eine jährliche Abnahme von 2,4 %.

b) Anfangswert: $b = 350$ (mg); $x \mapsto 350 \cdot 0{,}976^x$.

Bei der Reaktorkatastrophe von Tschernobyl im Jahr 1986 wurde neben Jod 131 vor allem Cäsium 137 freigesetzt.

4 Logarithmen, Logarithmusfunktion und Rechnen mit Logarithmen

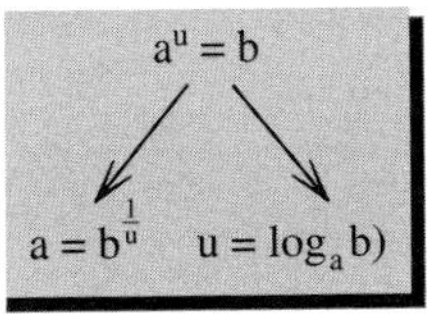

logos arithmos *(griech.): Verhältniszahl*

Die Gleichung $a^x = b$ besitzt für $a > 0$, $a \neq 1$, $b > 0$ genau eine reelle Zahl als Lösung. Man bezeichnet sie als **Logarithmus von b zur Basis a** und schreibt $\mathbf{x = \log_a(b)}$.
Kurz: $\log_a(b) = x \Leftrightarrow a^x = b$.

Wir verwenden für $\log_a(b)$ eine Schreibweise mit Klammern, da sich $x \mapsto \log_a(x)$ als Funktion erweisen wird. In manchen Büchern und Formelsammlungen wird die Schreibweise $\log_a b$ ver-

$\log_a(b)$ ist also diejenige reelle Zahl, mit der man a potenzieren muss, um b zu erhalten.
Beachte:
1. Logarithmuswerte kann man nur von positiven Zahlen bestimmen, da Potenzen a^x für $a > 0$ stets positiv sind.
2. „Logarithmieren" und Potenzieren heben sich gegenseitig auf:
$\log_a(a^x) = x$ und $a^{\log_a(b)} = b$.

Da a^x nur für $a > 0$ definiert ist, kann man $\log_a(b)$ auch nur für $a > 0$ definieren. Außerdem muss $a = 1$ ausgeschlossen werden, denn $1^x = b$ ist für $b \neq 1$ nicht lösbar.

Die **Logarithmusfunktion** $x \mapsto \log_a(x)$ $(a > 0;\ a \neq 1)$ ist die Umkehrfunktion der Exponentialfunktion $x \mapsto a^x$. Sie ist nur für positive x-Werte definiert.

Eigenschaften der Funktion $\mathbf{x \mapsto \log_a(x)}$:
Ist $a > 1$, so ist die Funktion $x \mapsto \log_a(x)$ überall streng monoton wachsend.
Ist $0 < a < 1$, so ist die Funktion $x \mapsto \log_a(x)$ überall streng monoton fallend.
Für alle $a > 0$, $a \neq 1$ gilt: Der Graph von $x \mapsto \log_a(x)$ geht durch den Punkt $(1|0)$ (da $\log_a(1) = 0$). Die Graphen von $x \mapsto \log_a(x)$ und $x \mapsto \log_{\frac{1}{a}}(x)$ liegen symmetrisch zur x-Achse.

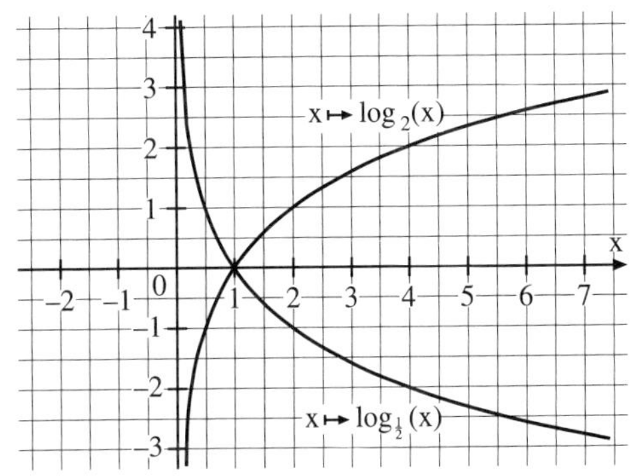

$$a^{\log_a(x)} = x$$
$$\log_a(a^x) = x$$

Regeln für das Rechnen mit Logarithmen (für $u > 0;\ v > 0;\ a > 0;\ a \neq 1$):
1. $\log_a(u \cdot v) = \log_a(u) + \log_a(v)$
2. $\log_a(u : v) = \log_a(u) - \log_a(v)$
3. $\log_a(u^r) = r \cdot \log_a(u)$

Logarithmen zur Basis 10 nennt man **Zehnerlogarithmen**. Man bezeichnet sie kurz mit lg:
$\log_{10}(b) = \mathbf{lg(b)}$.
Hat ein Taschenrechner eine log-Taste oder lg-Taste, so kann man damit (Näherungs-)Werte für Zehnerlogarithmen erhalten.

Mit der [log]-Taste eines Taschenrechners kann man sofort einen Näherungswert für lg(x) bestimmen. Zur Bestimmung von $\log_a(x)$ sind „Sondertasten" nicht notwendig. Denn es gilt:

$$\log_a(x) = \frac{\lg(x)}{\lg(a)} \quad (x > 0;\ a > 0;\ a \neq 1)$$

Das Beispiel zeigt jeweils zwei Lösungswege. Der erste benutzt die Definition des Logarithmus, der zweite beruht darauf, dass Logarithmieren und Potenzieren sich gegenseitig aufheben.

Beispiel 1

Bestimme a) $\log_3(81)$ b) $\log_2\left(\frac{1}{8}\right)$ c) $\log_5\left(\sqrt{125}\right)$ d) $\log_7(1)$ e) $\lg(1\,000\,000)$

Lösung:

a) $\log_3(81) = 4$ denn $3^4 = 27$ *oder* $\log_3(81) = \log_3(3^4) = 4$

b) $\log_2\left(\frac{1}{8}\right) = -3$ denn $2^{-3} = \frac{1}{8}$ *oder* $\log_2\left(\frac{1}{8}\right) = \log_2(2^{-3}) = -3$

c) $\log_5\left(\sqrt{125}\right) = \frac{3}{2}$ denn $5^{\frac{3}{2}} = (5^3)^{\frac{1}{2}} = \sqrt{125}$ *oder* $\log_5\left(\sqrt{125}\right) = \log_5(5^{\frac{3}{2}}) = \frac{3}{2}$

d) $\log_7(1) = 0$ denn $7^0 = 1$ *oder* $\log_7(1) = \log_7(7^0) = 0$

e) $\lg(1\,000\,000) = 6$ denn $10^6 = 1\,000\,000$ *oder* $\lg(1\,000\,000) = \lg(10^6) = 6$

Beispiel 2

Die Figur rechts zeigt zwei Logarithmusfunktionen $x \mapsto \log_a(x)$. Bestimme a.

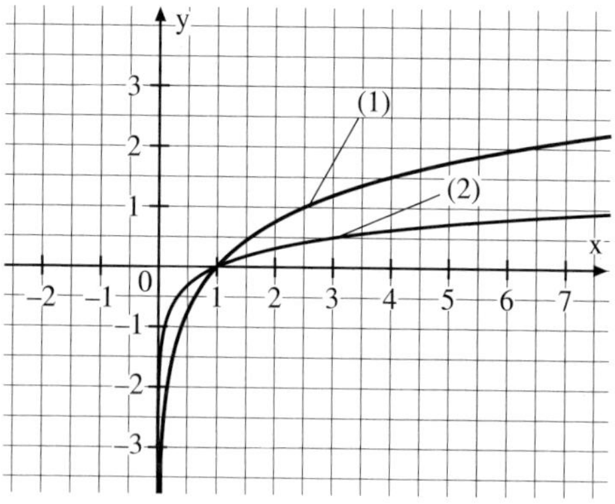

Lösung:

Lies die Koordinaten eines Punktes des Graphen ab. Wähle, wenn möglich, einen „Gitterpunkt", jedoch nicht (1 | 0). Setze dann die Koordinaten in $\log_a(x) = y$ ein.

(1) P(2,5 | 1) liegt auf dem Graphen. Aus $\log_a(2{,}5) = 1$ folgt $a^1 = 2{,}5$, also $a = 2{,}5$.

(2) P(3 | 0,5) liegt auf dem Graphen. Aus $\log_a(3) = \frac{1}{2}$ folgt $a^{\frac{1}{2}} = 3$, also $a = 9$.

Beispiel 3

a) Bestimme $\lg(4{,}5 \cdot 10^{1234})$. b) Schreibe 3^{5678} mit Zehnerpotenzen.

Lösung:

a) $\lg(4{,}5 \cdot 10^{1234}) = \lg(4{,}5) + \lg(10^{1234}) = \lg(4{,}5) + 1234 \approx 1234{,}653$

b) *Setze* $10^u = 3^{5678}$.

Wende darauf den Zehnerlogarithmus an: $u = \lg(3^{5678}) = 5678 \cdot \lg(3) \approx 2709{,}094$.

Also gilt: $3^{5678} \approx 10^{2709{,}094} = 10^{0{,}094} \cdot 10^{2709} \approx 1{,}24 \cdot 10^{2709}$.

Beispiel 4

Bestimme mit dem Taschenrechner $\log_3(45)$.

Lösung:

$\log_3(45) = \frac{\lg(45)}{\lg(3)} \approx 3{,}465$

Denke daran:

Beispiel 5

a) Schreibe als Vielfaches von $\lg(x)$: $\lg\left(\sqrt[3]{x^2}\right)$.

b) Schreibe als einen Logarithmus: $\lg(u) - 5 \cdot \lg(v)$.

Lösung:

a) *Wende die 3. Logarithmenregel an:* $\lg\left(\sqrt[3]{x^2}\right) = \lg(x^{\frac{2}{3}}) = \frac{2}{3}\lg(x)$

b) *Wende die 3. und 2. Logarithmenregel an:* $\lg(u) - 5 \cdot \lg(v) = \lg(u) - \lg(v^5) = \lg\left(\frac{u}{v^5}\right)$

Beispiel 6

Löse die Gleichung: a) $\lg(x) = 3 \cdot \lg(4) + \lg(2)$ b) $\lg(x) + \lg(3) = \lg(1 + x)$

Lösung:

a) $\lg(x) = 3 \cdot \lg(4) + \lg(2) = \lg(4^3 \cdot 2) = \lg(128)$; also $x = 128$; $L = \{128\}$

b) $\lg(x) + \lg(3) = \lg(1 + x) \Leftrightarrow \lg(3x) = \lg(1 + x)$. Aus $3x = 1 + x$ folgt $x = \frac{1}{2}$. $L = \left\{\frac{1}{2}\right\}$.

5 Exponentialgleichungen

Gleichungen, bei denen die Variable im Exponent steht, heißen **Exponentialgleichungen**.

Im Beispiel 1b kann man statt des Zehnerlogarithmus prinzipiell auch jeden anderen Logarithmus benutzen. Wegen der lg-Taste des Taschenrechners empfiehlt sich aber der Zehnerlogarithmus.

Beispiel 1

Löse die Exponentialgleichung. a) $3^{2x-1} = 81$ b) $1{,}3^{5x-6} = 8$

Lösung:

a) *81 ist leicht als Potenz von 3 zu erkennen. Löse die Gleichung durch „Vergleich der Exponenten“.*

$3^{2x-1} = 81$

Schreibe 81 als Dreierpotenz: $3^{2x-1} = 3^4$

Vergleiche die Exponenten: $2x - 1 = 4$; $2x = 5$; $x = \frac{5}{2}$

b) *Eine Darstellung von 8 als Potenz von 1,3 ist nicht zu sehen. Gehe daher so vor:*

Wende auf die gegebene Gleichung den Zehnerlogarithmus an: $1{,}3^{5x-6} = 8$

$\lg(1{,}3^{5x-6}) = \lg(8)$

Benutze die 3. Logarithmenregel. $(5x - 6) \cdot \lg(1{,}3) = \lg(8)$

$5x - 6 = \frac{\lg(8)}{\lg(1{,}3)}$

Vereinfache und löse: $x = \left(\frac{\lg(8)}{\lg(1{,}3)} + 6\right) : 5$; $x \approx 2{,}785$.

Beispiel 2

Löse mithilfe einer Gleichung.

Ein Kapital K wird jährlich mit 6 % verzinst. Nach wie vielen Jahren hat sich das Kapital mit Zinsen und Zinseszinsen a) verdoppelt b) verdreifacht?

Lösung:

Eine jährliche Verzinsung mit 6 % entspricht dem Wachstumsfaktor 1,06. Das Wachstum wird daher durch $f(x) = b \cdot 1{,}06^x$ beschrieben.

Verdoppelung bzw. Verdreifachung bedeutet: f(x) nimmt in der Zeit x gegenüber f(0) um den Faktor 2 bzw. 3 zu.

a)	b)
$f(x) = 2 \cdot f(0)$	$f(x) = 3 \cdot f(0)$
$b \cdot 1{,}06^x = 2 \cdot b$	$b \cdot 1{,}06^x = 3 \cdot b$
$1{,}06^x = 2$	$1{,}06^x = 3$
$x \cdot \lg(1{,}06) = \lg(2)$	$x \cdot \lg(1{,}06) = \lg(3)$
$x = \frac{\lg(2)}{\lg(1{,}06)} \approx 11{,}9$	$x = \frac{\lg(3)}{\lg(1{,}06)} \approx 18{,}9$
$x \approx 12$ (Jahre)	$x \approx 19$ (Jahre)

Beispiel 3

Löse die Exponentialgleichung. a) $6^{x-2} = 5 \cdot 3^x$ b) $2 \cdot 3^x + 4 \cdot 3^{-x} = 6$

Lösung:

a) *Wende auf die Gleichung den Zehnerlogarithmus an:*

$6^{x-2} = 5 \cdot 3^x$

$(x - 2) \cdot \lg(6) = \lg(5) + x \cdot \lg(3) \quad | - x \cdot \lg(3) + 2 \cdot \lg(6)$

$x \cdot [\lg(6) - \lg(3)] = \lg(5) + 2 \cdot \lg(6)$

$x = \frac{\lg(5) + 2 \cdot \lg(6)}{\lg(6) - \lg(3)}$; $x \approx 7{,}49$

substituere (lat.): ersetzen

b) *Ersetze 3^x durch u (> 0). Dies nennt man Substitution.*

$2 \cdot 3^x + 4 \cdot 3^{-x} = 6$

$2u + \frac{4}{u} = 6 \quad | -6 \quad | \cdot u$

$2u^2 - 6u + 4 = 0$

1. Lösung: $u_1 = 1$; 2. Lösung: $u_2 = 2$

Mache die Substitution rückgängig: $3^{x_1} = 1$; $x_1 = 0$

$3^{x_2} = 2$; $x_2 \cdot \lg(3) = \lg(2)$; $x_2 = \frac{\lg(2)}{\lg(3)}$

Lösungsmenge der Gleichung $2 \cdot 3^x + 4 \cdot 3^{-x} = 6$: $L = \left\{0; \frac{\lg(2)}{\lg(3)}\right\}$.

1 Bezeichnungen am rechtwinkligen Dreieck – Der Kathetensatz

hypo (griech.): unter
teino (griech.): ich spanne
kathetos (griech.): die herabgelassene, d. h. senkrechte Linie

Die Bezeichnungen bei rechtwinkligen Dreiecken lauten:
Man nennt die dem rechten Winkel gegenüberliegende Seite die **Hypotenuse**, die beiden anderen Seiten die **Katheten**.
Die Höhe zur Hypotenuse zerlegt diese in zwei **Hypotenusenabschnitte**.

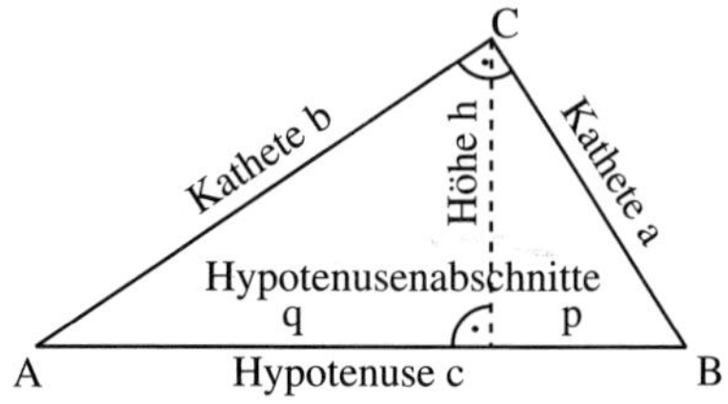

Kathetensatz
Für jedes rechtwinklige Dreieck gilt:
Das Quadrat über einer Kathete ist flächengleich zum Rechteck aus der Hypotenuse und dem anliegenden Hypotenusenabschnitt.
Es gilt: $\mathbf{a^2 = c \cdot p}$ (Fig. 1)
$\mathbf{b^2 = c \cdot q}$ (Fig. 2)

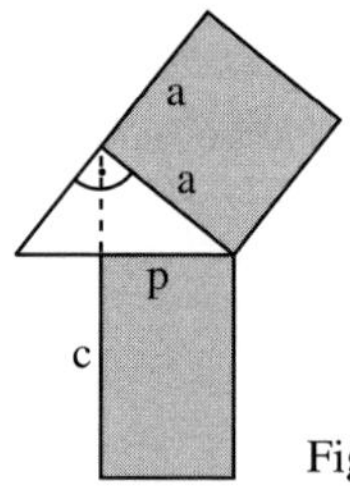

Fig. 1

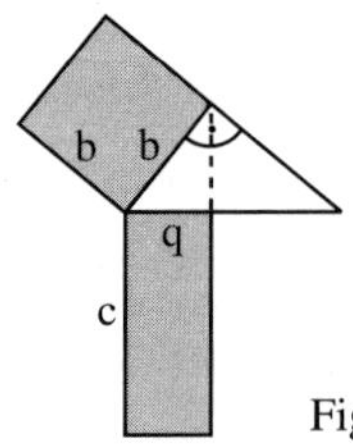

Fig. 2

Im antiken Griechenland versuchte man Flächeninhalte zu bestimmen, indem man ein flächengleiches Quadrat konstruierte. Dies nennt man ***Quadratur****. Der Kathetensatz ermöglicht die Quadratur des Rechtecks.*

Beispiel 1
Konstruiere zu einem gegebenen Rechteck ABCD ein Quadrat mit gleichem Flächeninhalt.
Lösung:
Hat das Rechteck die Seiten a und b mit $a > b$, so konstruiert man ein rechtwinkliges Dreieck mit der Hypotenuse a und dem Hypotenusenabschnitt b. Nach dem Kathetensatz ist das zugehörige Kathetenquadrat flächengleich zum gegebenen Rechteck.
Beschreibung der Konstruktion:
1. Gegeben ist das Rechteck ABCD. Verlängere die kürzere Seite $\overline{AD}$ bis zu einem Punkt E, so dass $\overline{AE} = \overline{AB}$.
2. Zeichne den Thaleskreis über $\overline{AE}$. Verlängere $\overline{CD}$ bis zum Schnittpunkt F mit dem Thaleskreis.
3. Zeichne das rechtwinklige Dreieck AEF.
4. Zeichne das Quadrat über der Kathete $\overline{AF}$.

Das Kathetenquadrat ist flächengleich zum Rechteck ABCD.

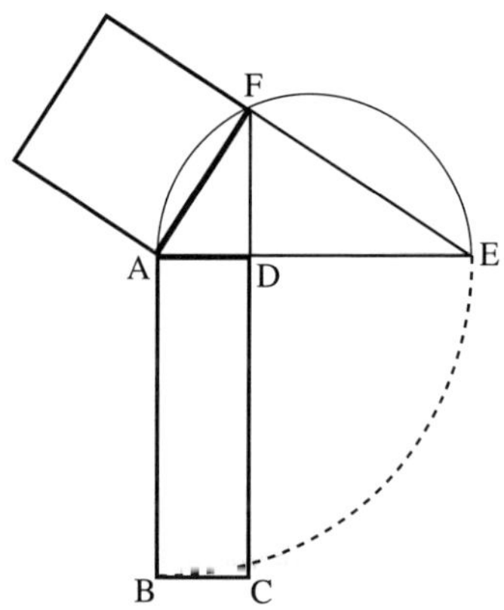

Beispiel 2
Berechne zu einem rechtwinkligen Dreieck mit den Hypotenusenabschnitten $p = 3{,}5\,\text{cm}$ und $q = 6{,}5\,\text{cm}$ die Längen der Dreieckseiten.
Lösung:
Für die Hypotenuse c gilt: $c = p + q = 3{,}5\,\text{cm} + 6{,}5\,\text{cm} = 10{,}0\,\text{cm}$.
Für die Katheten a und b gilt nach dem Kathetensatz:
$a^2 = c \cdot p = 10\,\text{cm} \cdot 3{,}5\,\text{cm} = 35\,\text{cm}^2$; $a = \sqrt{35}\,\text{cm} \approx 5{,}9\,\text{cm}$
$b^2 = c \cdot q = 10\,\text{cm} \cdot 6{,}5\,\text{cm} = 65\,\text{cm}^2$; $b = \sqrt{65}\,\text{cm} \approx 8{,}1\,\text{cm}$

2 Der Satz des Pythagoras und seine Umkehrung

Der Satz des Pythagoras auf einer griechischen Briefmarke von 1955.

Satz des Pythagoras:
In jedem rechtwinkligen Dreieck haben die Quadrate über den Katheten zusammen den gleichen Flächeninhalt wie das Quadrat über der Hypotenuse.
Es gilt: $\mathbf{a^2 + b^2 = c^2}$

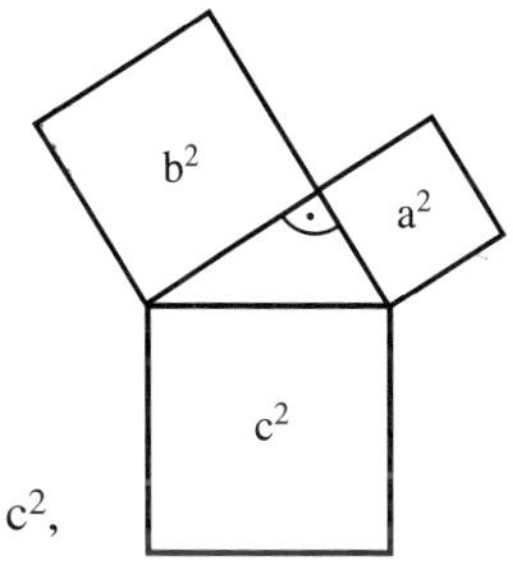

Die **Umkehrung des Satzes von Pythagoras**:
Wenn in einem Dreieck mit den Seiten a, b, c gilt: $a^2 + b^2 = c^2$, dann ist das Dreieck rechtwinklig mit der Hypotenuse c.

Der Kathetensatz drückt das Quadrat einer Kathete durch andere Stücke des rechtwinkligen Dreiecks aus. Schreibt man den Satz des Pythagoras in der Form $c^2 = a^2 + b^2$, so wird die Hypotenuse durch die Katheten ausgedrückt. In diesem Sinne ist der Satz des Pythagoras ein „Hypotenusensatz“.

Beispiel 1
Berechne die Länge der Diagonalen des Rechtecks ABCD.
Lösung:
Das Teildreieck ABC ist rechtwinklig, also kann der Satz des Pythagoras angewendet werden.
$d^2 = a^2 + b^2$
$d^2 = 12^2\,cm^2 + 5^2\,cm^2 = 169\,cm^2$
$d = \sqrt{169}\ cm = 13\,cm$

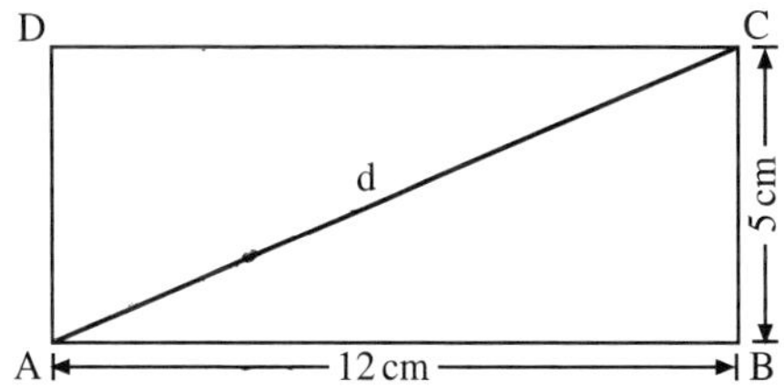

Beispiel 2
Berechne die Höhe h_a des Dreiecks ABC.
Lösung:
Da das Dreieck gleichschenklig ist, halbiert die Höhe h_a die Grundseite BC. Wende den Satz des Pythagoras auf das Teildreieck ABD an.
$h_a^2 + \overline{BD}^2 = \overline{AB}^2$; $h_a^2 = \overline{AB}^2 - \overline{BD}^2$
$h_a^2 = 10^2\,cm^2 - 3{,}5^2\,cm^2 = 87{,}75\,cm^2$
$h_a = \sqrt{87{,}75}\ cm \approx 9{,}4\,cm$

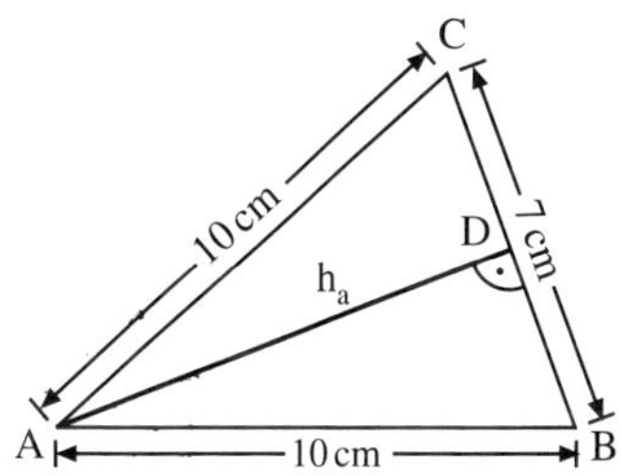

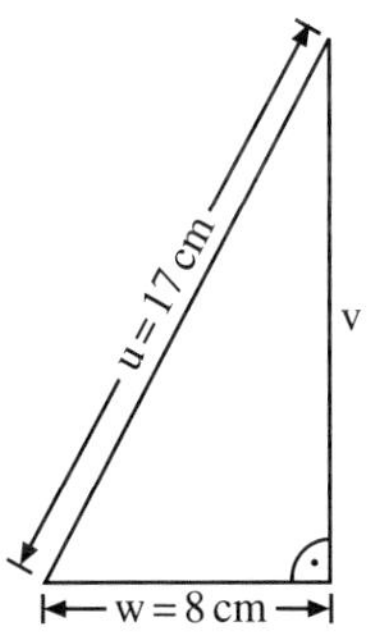

Beispiel 3
Berechne den Flächeninhalt des Dreiecks am Rand.
Lösung:
1. Berechne v mithilfe des Satzes des Pythagoras.
$v^2 + w^2 = u^2$; $v^2 = u^2 - w^2$
$v^2 = 17^2\,cm^2 - 8^2\,cm^2 = 225\,cm^2$; $v = 15\,cm$

2. Berechne den Flächeninhalt.
$A = \frac{1}{2} \cdot v \cdot w$
$A = \frac{1}{2} \cdot 15 \cdot 8\,cm^2 = 60\,cm^2$

Beispiel 4
Prüfe, ob ein Dreieck mit den Seiten $a = 12\,cm$; $b = 24\,cm$ und $c = 26\,cm$ rechtwinklig ist.
Im Falle eines rechtwinkligen Dreiecks muss die längste Seite die Hypotenuse sein.
Es ist $26^2 = 676$; $24^2 = 576$; $12^2 = 144$. Es gilt: $144 + 576 = 720 \neq 676$.
Das Dreieck ist also nicht rechtwinklig.

3 Der Höhensatz

Höhensatz:
Für jedes rechtwinklige Dreieck gilt:
Das Quadrat über der Höhe ist flächengleich zum Rechteck aus den beiden Hypotenusenabschnitten.
Es gilt: $\mathbf{h^2 = p \cdot q}$.

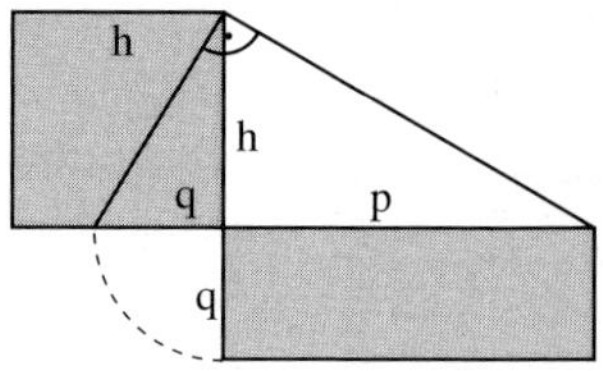

Beispiel 1
Konstruiere mithilfe des Höhensatzes eine Strecke der Länge $\sqrt{8}$ cm.
Fasse die zu konstruierende Strecke als Höhe in einem rechtwinkligen Dreieck auf. Für die Hypotenusenabschnitte p und q dieses Dreieck muss gelten $p \cdot q = h^2 = 8\,cm^2$. *Konstruiere ein rechtwinkliges Dreieck mit den Hypotenusenabschnitten* $p = 4\,cm$ *und* $q = 2\,cm$.
Beschreibung der Konstruktion:
1. Zeichne eine Strecke p der Länge 4 cm.
2. Verlängere sie um q = 2 cm. Betrachte die Gesamtstrecke als Hypotenuse eines rechwinkligen Dreiecks.
3. Zeichne den Thaleskreis um M darüber.
4. Zeichne passend zu den Hypotenusenabschnitten die Höhe h des Dreiecks.

Diese Höhe h ist die gesuchte Strecke; sie ist $\sqrt{8}$ cm lang.

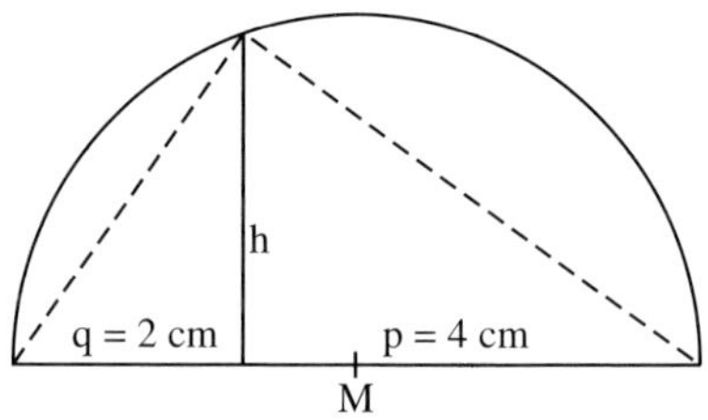

Beispiel 2
Konstruiere mithilfe des Höhensatzes zu einem gegebenen Rechteck ABCD ein Quadrat mit gleichem Flächeninhalt.
Beschreibung der Konstruktion:
1. Verlängere eine Seite des Rechtecks um die andere Seite. Die Gesamtstrecke ist Hypotenuse eines rechtwinkligen Dreiecks.
2. Zeichne den Thaleskreis darüber.
3. Zeichne passend zu den Hypotenusenabschnitten die Höhe des Dreiecks. Diese Höhe ist die gesuchte Quadratseite.

Konstruktion:

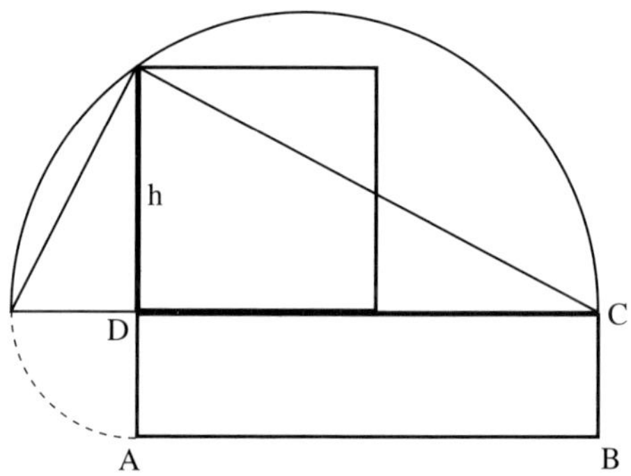

Beispiel 3

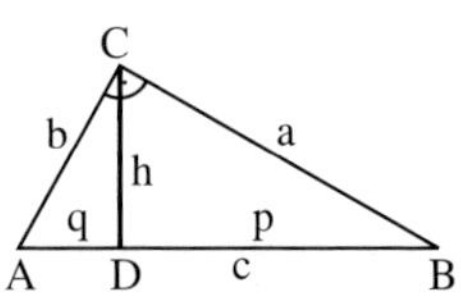

Von einem rechtwinkligen Dreieck sind bekannt: h = 5,0 cm; p = 2,5 cm.
Berechne die fehlenden Stücke der Figur links.
Lösung:
1. Nach dem Höhensatz ist $h^2 = p \cdot q$; $q = \frac{h^2}{p}$; $q = \frac{25}{2{,}5}\,cm = 10\,cm$
2. Für die Hypotenuse gilt $c = p + q$; $c = 2{,}5\,cm + 10\,cm = 12{,}5\,cm$
3. Für die Katheten gilt nach dem Kathetensatz:
$a^2 = c \cdot p$; $a^2 = 12{,}5 \cdot 10\,cm^2 = 125\,cm^2$; $a = \sqrt{125}\,cm \approx 11{,}2\,cm$.
$b^2 = c \cdot q$; $b^2 = 12{,}5 \cdot 2{,}5\,cm^2 = 31{,}25\,cm^2$; $b = \sqrt{31{,}25}\,cm \approx 5{,}6\,cm$.

PYTHAGORAS (580(?) v. Chr.–500(?) v. Chr.) wurde auf der Insel Samos geboren, wanderte aber in das süditalienische Kroton aus. Dort gründete er einen Geheimbund, der sich mit philosophischen, mathematischen und physikalischen Fragen beschäftigte.

4 Berechnungen an Figuren und Körpern

Diagonale eines Quadrates

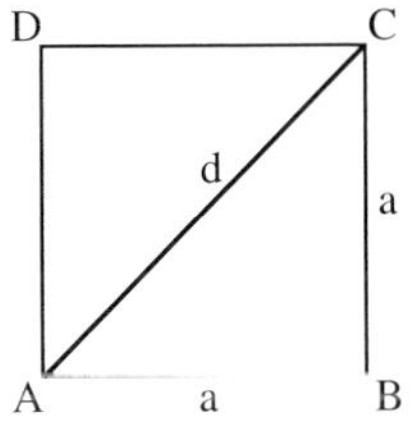

$$\mathbf{d = a\sqrt{2}}$$

Wendet man den Satz des Pythagoras auf das Dreieck ABC an, so ergibt sich:

$a^2 + a^2 = d^2$

also $d^2 = 2a^2$

bzw. $d = a\sqrt{2}$.

Höhe im gleichseitigen Dreieck

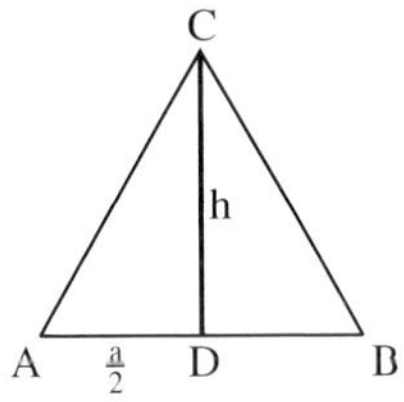

$$\mathbf{h = \frac{a}{2}\sqrt{3}}$$

Wendet man den Satz des Pythagoras auf das Dreieck ADC an, so ergibt sich:

$h^2 + \left(\frac{a}{2}\right)^2 = a^2$

also $h^2 = \frac{3}{4}a^2$ bzw. $h = \frac{a}{2}\sqrt{3}$.

Räumliche Diagonale eines Würfels

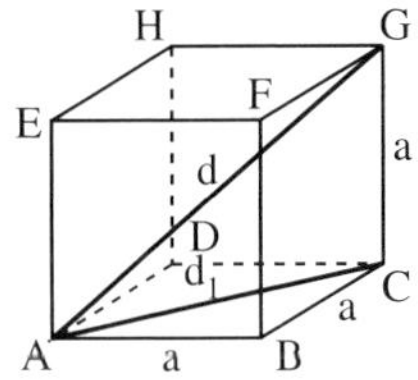

$$\mathbf{d = a\sqrt{3}}$$

Wendet man den Satz des Pythagoras auf das Dreieck ACG an, so ergibt sich:

$d_1^2 + a^2 + d^2$. Einsetzen von $d_1 = 2a^2$ ergibt $3a^2 = d^2$

bzw. $d = a\sqrt{3}$.

Beispiel 1

Berechne den Flächeninhalt eines regelmäßigen Sechsecks, das einem Kreis mit dem Radius $r = 5{,}0\,\text{cm}$ einbeschrieben ist.

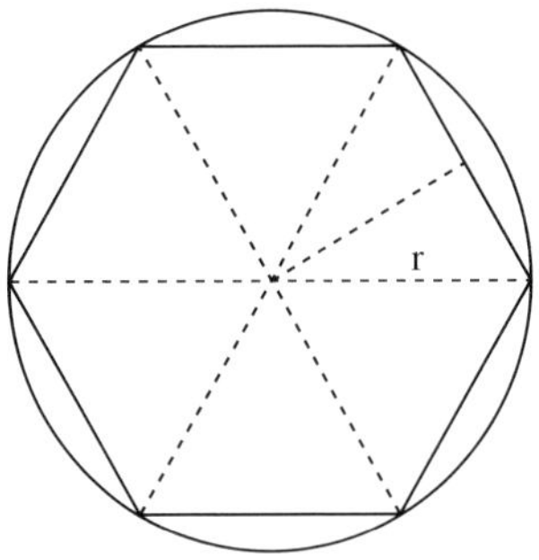

Lösung:

Hier wird die Formel für die Höhe im gleichseitigen Dreieck benutzt.

Das Sechseck besteht aus 6 gleichseitigen Dreiecken mit der Seite $r = 5{,}0\,\text{cm}$.

$A = 6 \cdot \frac{1}{2} \cdot r \cdot h = 6 \cdot \frac{1}{2} r \cdot \frac{r}{2}\sqrt{3} = \frac{3}{2} r^2 \sqrt{3}$;

$A = \frac{3}{2} \cdot 25 \cdot \sqrt{3}\,\text{cm}^2 \approx 65{,}0\,\text{cm}^2$

Beispiel 2

Berechne die Körperhöhe h und die Höhe k der Seitenflächen der quadratischen Pyramide, wenn die Seite $a = 8{,}0\,\text{cm}$ der Grundfläche und die Länge $s = 10{,}0\,\text{cm}$ der Seitenkanten gegeben sind.

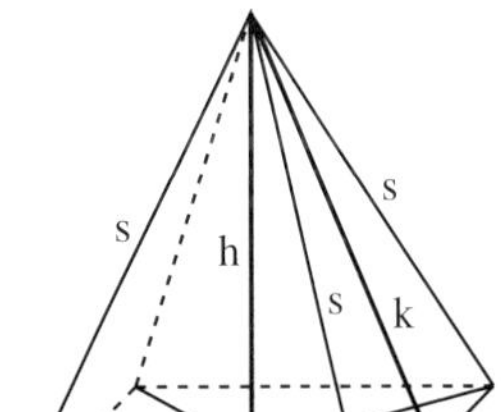

Lösung:

1. Berechnung der Körperhöhe h:

Für die Diagonale d der Grundfläche gilt $d = a\sqrt{2}$.

Anwendung des Satzes des Pythagoras auf das Dreieck aus Körperhöhe, halber Diagonale und Seitenkante: $h^2 + \left(\frac{a\sqrt{2}}{2}\right)^2 = s^2$; $h^2 = s^2 - \frac{a^2}{2}$

Einsetzen: $h^2 = 100\,\text{cm}^2 - \frac{64}{2}\,\text{cm}^2 = 68\,\text{cm}^2$; $h = \sqrt{68}\,\text{cm} \approx 8{,}2\,\text{cm}$.

2. Berechnung der Seitenhöhe k:

Nach dem Satz des Pythagoras gilt: $k^2 + \left(\frac{a}{2}\right)^2 = s^2$; also $k^2 = s^2 - \frac{a^2}{4}$.

Einsetzen: $k^2 = 100\,\text{cm}^2 - \frac{64}{4}\,\text{cm}^2 = 84\,\text{cm}^2$; es folgt $k = \sqrt{84}\,\text{cm} \approx 9{,}2\,\text{cm}$.

IX Ähnlichkeit

1 Zentrische Streckungen und ihre Eigenschaften

Beachte:
Ist der Streckfaktor $k > 1$, so wird die Figur vergrößert.
Ist $0 < k < 1$, so wird die Figur verkleinert.
Wenn $k = 1$ ist, bleibt jeder Punkt der Ebene fest.

Definition:
Eine Abbildung heißt **zentrische Streckung** mit dem Streckzentrum S und dem Streckfaktor $k > 0$, wenn sie jedem Punkt P so den Bildpunkt P′ zuordnet, dass gilt:
(1) für $P \neq S$:
  a) P′ liegt auf der von S ausgehenden Halbgeraden durch P.
  b) $\overline{SP'} = k \cdot \overline{SP}$
(2) S wird auf sich selbst abgebildet.
Wir verwenden für eine solche zentrische Streckung die Bezeichnung $Z_{S;k}$.

Eigenschaften zentrischer Streckungen
Satz: Bei einer zentrischen Streckung $Z_{S;k}$ mit $k > 0$ gilt:
(1) Das Bild einer Geraden g ist stets eine zu g parallele Gerade g′.
(2) Das Bild einer Strecke $\overline{AB}$ ist stets eine Strecke $\overline{A'B'}$ der k-fachen Länge von $\overline{AB}$.
(3) Längenverhältnisse ändern sich nicht.
(4) Winkelgrößen ändern sich nicht.
(5) Das Bild eines Vielecks mit dem Flächeninhalt A ist ein Vieleck mit dem Flächeninhalt A′. Es gilt $A' = k^2 \cdot A$.

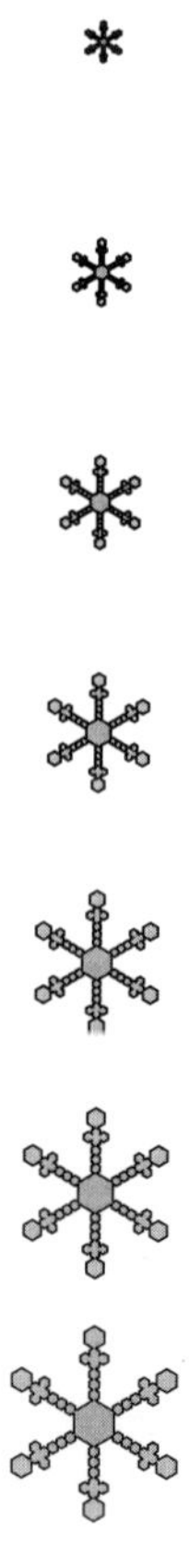
Schneekristalle schrittweise vergrößert.

Beispiel 1
Eine zentrische Streckung $Z_{S;k}$ bildet ein Dreieck ABC mit den Seitenlängen $c = 8\,cm$, $a = 5\,cm$ und $b = 7\,cm$ auf ein Dreieck A′B′C′ mit $c' = 6\,cm$ ab.
a) Bestimme den Streckfaktor k.
b) Berechne die übrigen Seitenlängen des Dreiecks.
Lösung:
a) *c′ hat die k-fache Länge von c; also* $c' = k \cdot c$ *bzw.* $k = \frac{c'}{c}$.
$k = \frac{c'}{c} = \frac{6\,cm}{8\,cm} = \frac{3}{4}$.
b) $a' = \frac{3}{4} \cdot 5\,cm = \frac{15}{4}\,cm = 3{,}75\,cm$ und $b' = \frac{3}{4} \cdot 7\,cm = \frac{21}{4}\,cm = 5{,}25\,cm$.

Beispiel 2
Das Viereck ABCD mit A(2|1), B(5|1), C(4|3) und D(2|3) wird vom Zentrum S(−1|0) aus gestreckt. Dabei wird A auf A′(3,5|1,5) abgebildet. Zeichne das Viereck ABCD und konstruiere sein Bild.
Beschreibung der Konstruktion:
1. Zeichne das Viereck ABCD, den Punkt S und den Punkt A′.
2. Zeichne Halbgeraden mit Anfangspunkt S durch A, B, C und D.
3. Zeichne durch A′ die Parallelen zu AB und AD und bestimme damit B′ und D′.
4. Zeichne durch D′ die Parallele zu DC. Sie schneidet die Halbgerade durch C in C′.
5. Verbinde C′ mit B′ und D′.

Konstruktion:

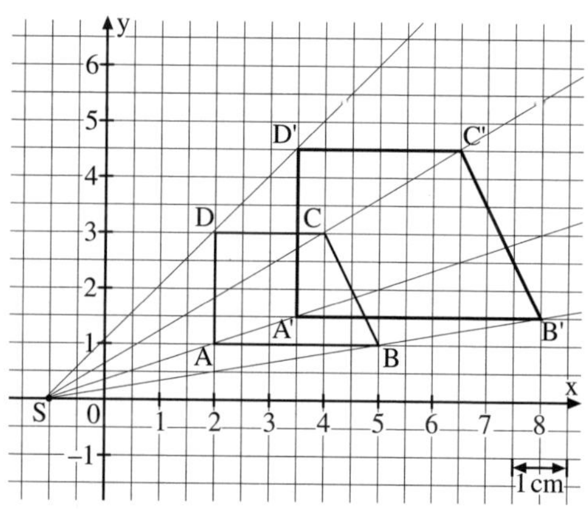

Beispiel 3

Von einer zentrischen Streckung $Z_{S;k}$ sind das Streckzentrum S, ein Punkt P und sein Bildpunkt P′ bekannt. Zeichne ein Dreieck ABC und konstruiere sein Bild.

Beschreibung der Konstruktion:

1. Zeichne Halbgeraden mit Anfangspunkt S durch A, B und C.
2. Zeichne die Parallele zu PC durch P′. Sie schneidet die Halbgerade durch C in C′.
3. Zeichne die Parallelen zu AC und BC durch C′. Sie schneiden die Halbgeraden durch A und B in A′ bzw. B′.
4. Verbinde A′ und B′.

Konstruktion:

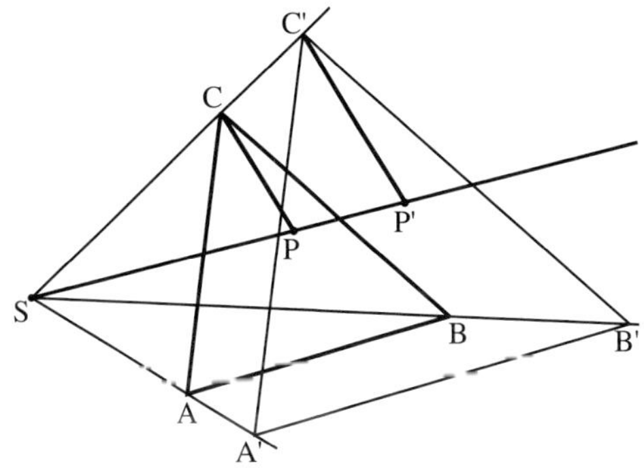

Beispiel 4

Eine zentrische Streckung $Z_{S;k}$ bildet ein Dreieck ABC auf das Dreieck A′B′C′ ab.

a) Welche zentrische Streckung bildet das Dreieck A′B′C′ auf ABC ab?

b) Welchen Streckfaktor hat eine zentrische Streckung, die ABC auf sich abbildet?

Lösung:

a) *Gesucht ist ein Faktor x, so dass* $x \cdot \overline{SP'} = \overline{SP}$ *für jeden Punkt P gilt. Also:*

$x \cdot k \cdot \overline{SP} = \overline{SP}$ und damit $x = \frac{1}{k}$. $Z_{S;\frac{1}{k}}$ bildet das Dreieck A′B′C′ auf ABC ab.

b) Es muss $k = 1$ sein, da z. B. gilt: $k = \overline{SA'} : \overline{SA} = \overline{SA} : \overline{SA} = 1$.

Beispiel 5

Eine zentrische Streckung $Z_{S;k}$ bildet ein Rechteck ABCD mit $a = 5\,\text{cm}$ und $b = 6\,\text{cm}$ auf ein Rechteck A′B′C′D′ mit $a' = 17{,}5\,\text{cm}$ ab. Berechne die Seitenlänge b′ ohne vorherige Bestimmung des Streckfaktors k.

Lösung:

Wegen der Längenverhältnistreue gilt: $b' : a' = b : a$.

Mit $b' = x\,\text{cm}$ folgt $x\,\text{cm} : 17{,}5\,\text{cm} = 6\,\text{cm} : 5\,\text{cm}$, das heißt $x : 17{,}5 = 6 : 5$.

Also $x = \frac{6}{5} \cdot 17{,}5$ und damit $x = 21$ bzw. $b' = 21\,\text{cm}$.

Beachte:
Bei einer zentrischen Streckung $Z_{S;k}$ multipliziert sich der Umfang eines Vielecks mit k, der Flächeninhalt dagegen mit k^2.

Beispiel 6

Ein Dreieck mit Umfang $U = 12\,\text{cm}$ und Flächeninhalt $A = 9\,\text{cm}^2$ wird zentrisch gestreckt. Das Bilddreieck hat den Umfang $U' = 18\,\text{cm}$. Bestimme den Flächeninhalt A′ des Bilddreiecks.

Lösung:

Berechne zunächst den Streckfaktor k.

$k = \frac{U'}{U} = \frac{18\,\text{cm}}{12\,\text{cm}} = \frac{18}{12} = \frac{3}{2}$. Es gilt $A' = k^2 \cdot A = \left(\frac{3}{2}\right)^2 \cdot 9\,\text{cm}^2 = \frac{9 \cdot 9}{4}\text{cm}^2 = 20{,}25\,\text{cm}^2$.

Beispiel 7

Beweise, dass zentrische Streckungen rechtwinklig-gleichschenklige Dreiecke auf rechtwinklig-gleichschenklige Dreiecke abbilden.

Lösung:

1. Das Bilddreieck ist rechtwinklig, da zentrische Streckungen Winkel auf gleich große Winkel abbilden.
2. Die Katheten im Bilddreieck sind gleich lang, da zentrische Streckungen längenverhältnistreu sind. Somit wird ein gleichschenkliges Dreieck wieder auf ein solches abgebildet.

2 Strahlensätze

Streckenlängen kann man mithilfe von Längenverhältnissen berechnen, wenn Halbgeraden (Strahlen) mit gemeinsamem Anfangspunkt S von parallelen Geraden g und g′ geschnitten werden. Eine solche Figur heißt **Strahlensatzfigur**.

*Unter **Abschnitten** versteht man hier die Längen entsprechender Strecken.*

Erster Strahlensatz:

In jeder Strahlensatzfigur (g ∥ g′) verhalten sich die **Abschnitte** auf dem einen Strahl wie die **entsprechenden Abschnitte** auf dem anderen:

$\frac{\overline{SA'}}{\overline{SA}} = \frac{\overline{SB'}}{\overline{SB}}$ und $\frac{\overline{AA'}}{\overline{SA}} = \frac{\overline{BB'}}{\overline{SB}}$.

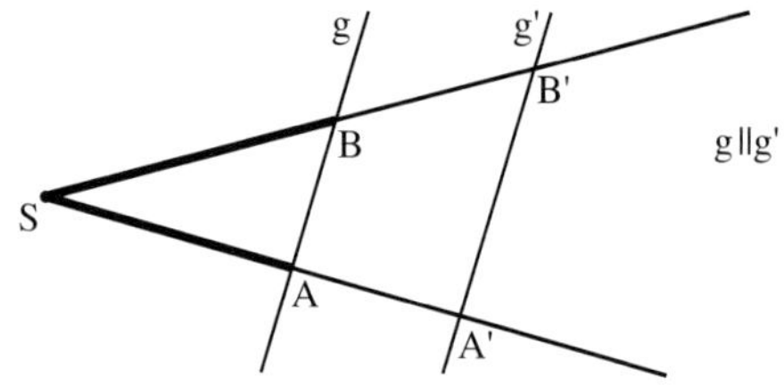

Zweiter Strahlensatz:

In jeder Strahlensatzfigur (g ∥ g′) verhalten sich die **Abschnitte auf den Parallelen** wie die **von S aus** gemessenen entsprechenden **Abschnitte auf jedem Strahl**:

$\frac{\overline{A'B'}}{\overline{AB}} = \frac{\overline{SA'}}{\overline{SA}}$ und $\frac{\overline{A'B'}}{\overline{AB}} = \frac{\overline{SB'}}{\overline{SB}}$.

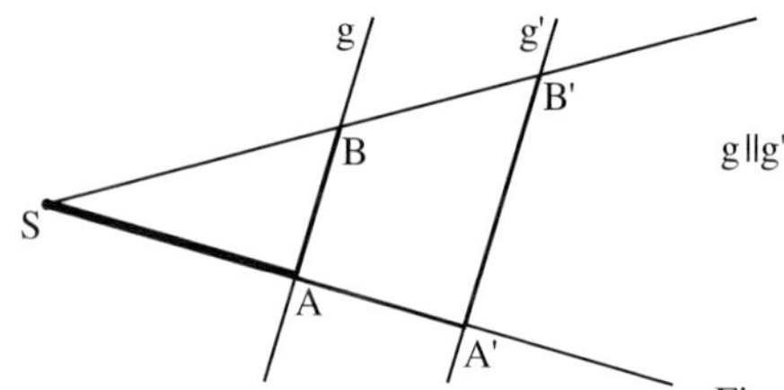

Fig. 1

Bemerkungen:
Umkehrung der Strahlensätze
Der erste Strahlensatz ist umkehrbar:
Sind in Fig. 2 die Längenverhältnisse $\overline{SA} : \overline{SA'}$ und $\overline{SB} : \overline{SB'}$ gleich, so sind g und g′ zueinander parallel.
Der zweite Strahlensatz ist nur umkehrbar, wenn man in Fig. 1 von $\overline{A'B'} : \overline{AB} = \overline{SA'} : \overline{SA} = \overline{SB'} : \overline{SB}$ ausgeht.
Aus der Bedingung $\overline{A'B'} : \overline{AB} = \overline{SA'} : \overline{SA}$ allein folgt dagegen noch nicht die Parallelität von g und g′.

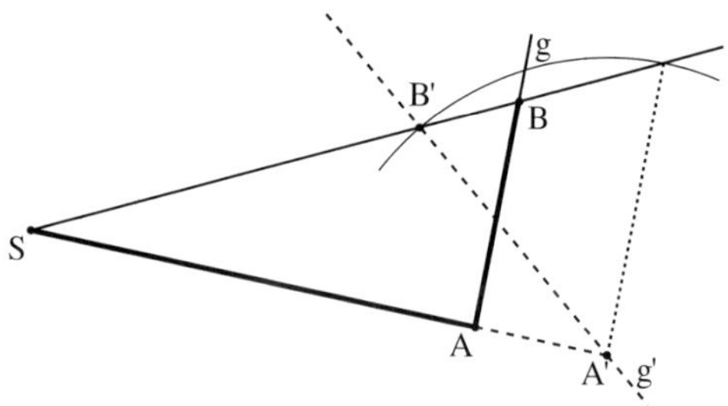

Fig. 2

Strahlensätze an sich schneidenden Geraden:
Werden zwei Geraden mit dem Schnittpunkt S von zueinander parallelen Geraden g und g′ geschnitten, so gilt:

$\frac{\overline{SA'}}{\overline{SA}} = \frac{\overline{SB'}}{\overline{SB}}$ **(1. Strahlensatz)**

$\frac{\overline{A'B'}}{\overline{AB}} = \frac{\overline{SA'}}{\overline{SA}}$ **(2. Strahlensatz)**.

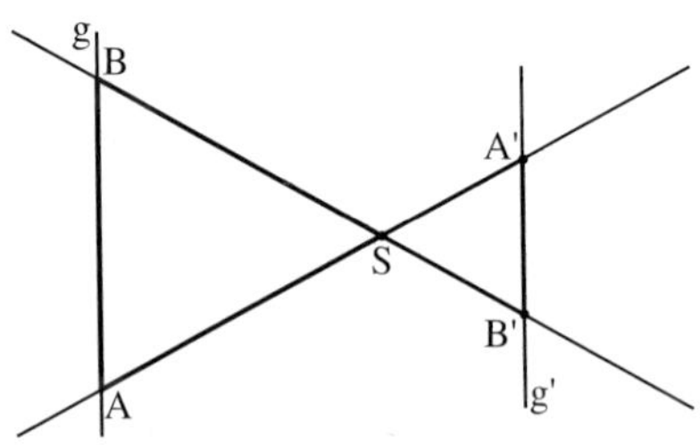

Wenn Größen in der gleichen Einheit angegeben werden, genügt es, die Rechnung nur mit den Maßzahlen durchzuführen.

Beispiel 1

a) Formuliere für die Strahlensatzfigur die Aussagen der beiden Strahlensätze mit den angegebenen Strecken.

b) Bestimme rechnerisch die Längen u und b, wenn $x = 3\,\text{cm}$; $y = 1{,}5\,\text{cm}$; $v = 2{,}5\,\text{cm}$ und $a = 4\,\text{cm}$ gilt.

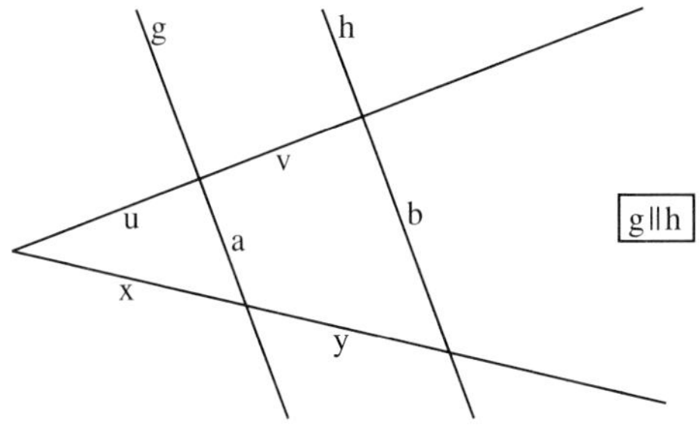

Lösung:

a) 1. Strahlensatz: $\frac{x+y}{x} = \frac{u+v}{u}$ und $\frac{y}{x} = \frac{v}{u}$.

2. Strahlensatz: $\frac{b}{a} = \frac{x+y}{x}$ und $\frac{b}{a} = \frac{u+v}{u}$.

Ein Tipp für einfacheres Rechnen: Schreibe die Längenverhältnisse gleich so auf, dass die gesuchte Größe im Zähler steht!

b) In cm: $\frac{u}{2{,}5} = \frac{3}{1{,}5}$, also $u = \frac{2{,}5 \cdot 3}{1{,}5} = 5$. $u = 5\,\text{cm}$.

Nr. 730755, Seite 41.1

In cm: $\frac{b}{4} = \frac{4{,}5}{3}$, also $b = \frac{4 \cdot 4{,}5}{3} = 6$. $b = 6\,\text{cm}$.

Beispiel 2

In ein Dachgeschoss mit den in Fig. 1 angegebenen Giebelmaßen soll in 2,32 m Höhe eine Decke eingezogen werden. Die schräge Wand in dem sich ergebenden Raum soll tapeziert werden.

a) Wie breit wird die Decke?

b) Wie lang wird eine Tapetenbahn?

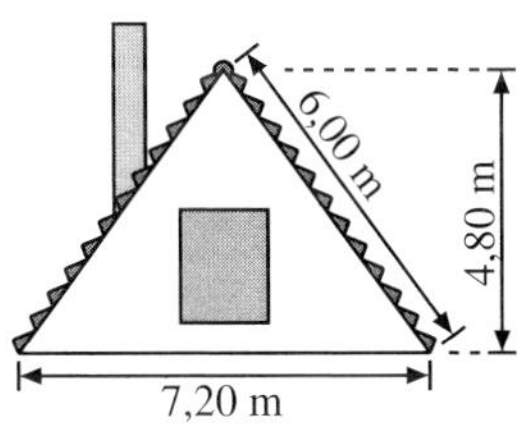

Fig. 1

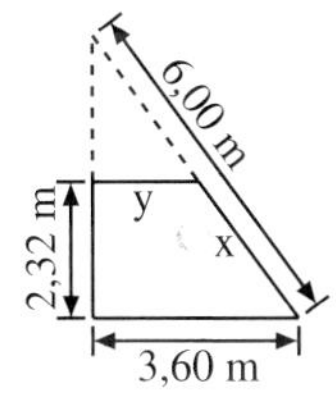

Fig. 2

Lösung:

Fertige zuerst eine Skizze an (Fig. 2).

a) $\frac{x}{6{,}00} = \frac{2{,}32}{4{,}80}$, also $x = \frac{2{,}32 \cdot 6{,}00}{4{,}80} = 2{,}90$. Die Länge der Tapetenbahn beträgt 2,90 m.

b) $\frac{y}{3{,}60} = \frac{2{,}48}{4{,}80}$, also $y = \frac{3{,}60 \cdot 2{,}48}{4{,}80} = 1{,}86$. Die Deckenbreite beträgt $2 \cdot 1{,}86\,\text{m} = 3{,}72\,\text{m}$.

Beispiel 3

Man sagt auch, dass $\overline{PQ}$ durch T innen im Verhältnis a : b geteilt wird.

Gegeben sind eine Strecke $\overline{PQ}$ und zwei Strecken a, b. Konstruiere einen Punkt T so, dass $\overline{PT} = \overline{TQ} = a : b$ gilt.

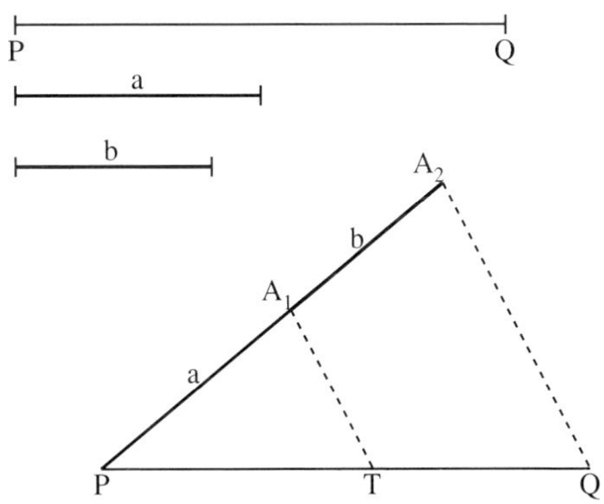

Lösung:

Die Konstruktion nutzt den ersten Strahlensatz aus.

Beschreibung der Konstruktion:

1. Zeichne von P aus einen Strahl, der eine andere Richtung als die Gerade PQ hat.
2. Trage auf ihm von P aus die Strecke a bis A_1 ab und von A_1 aus b bis A_2.
3. Zeichne die Gerade A_2Q und die Parallele dazu durch A_1.
4. Die Parallele schneidet PQ in T.

Beispiel 4

Beweise, dass bei dem Rechteck links das Längenverhältnis $a' : a$ den Wert $\frac{b}{h} - 1$ hat. Wende beide Strahlensätze an.

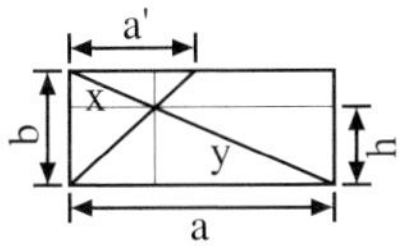

Lösung:

Nach dem ersten Strahlensatz gilt: $\frac{x}{y} = \frac{b-h}{h}$, also $\frac{x}{y} = \frac{b}{h} - 1$.

Nach dem zweiten Strahlensatz gilt: $\frac{a'}{a} = \frac{x}{y}$, also $\frac{a'}{a} = \frac{b}{h} - 1$.

3 Ähnlichkeitsabbildungen und ähnliche Figuren

Werden zentrische Streckungen und Kongruenzabbildungen nacheinander ausgeführt, so erhält man Abbildungen mit den Eigenschaften:
(1) Winkel ändern sich nicht. (2) Längenverhältnisse ändern sich nicht.
Da Originalfigur und Bildfigur zueinander ähnlich sind, vereinbart man:
Definition:
Führt man eine zentrische Streckung und eine Kongruenzabbildung nacheinander aus, so nennt man diese Verkettung (d. h. die Gesamtabbildung) eine **Ähnlichkeitsabbildung**.

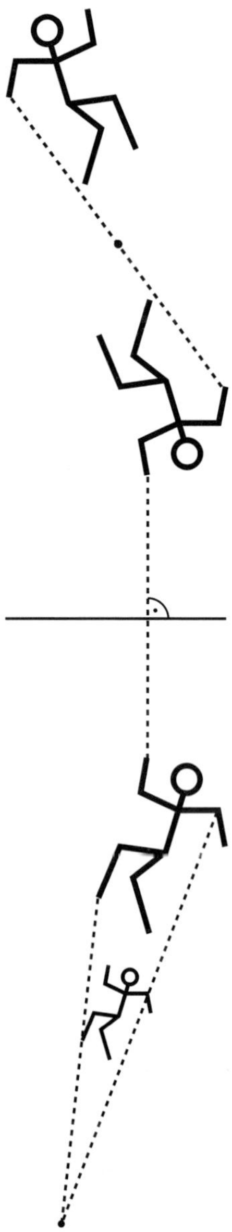

Zwei Figuren F und G nennt man **zueinander ähnlich** (in Zeichen: $F \sim G$), wenn man F durch eine Ähnlichkeitsabbildung auf G abbilden kann.

Satz: Für ähnliche Figuren gilt:
(1) Entsprechende **Winkel** sind gleich groß.
(2) Entsprechende **Längenverhältnisse** sind gleich.
(3) Sind Vielecke F und G zueinander ähnlich und sind die Seiten von G k-mal so lang wie die Seiten von F, so ist der **Flächeninhalt** von G k^2-mal so groß wie der von F.

Bemerkung:
Gilt für zwei Figuren $F \sim G$ und sind in G alle Strecken k-mal so lang wie in F, so sagt man auch: G ist zu F ähnlich mit dem **Maßstab** k. (Der Maßstab bei Landkarten hat dieselbe Bedeutung.)

Beispiel 1
a) Warum können die Dreiecke DEF und PQR nicht zum Dreieck ABC ähnlich sein?
b) Beschreibe, wie man das Dreieck ABC durch eine Ähnlichkeitsabbildung auf UVW abbilden kann.
Lösung:
a) Das Dreieck ABC ist rechtwinklig und gleichschenklig. Das Dreieck PQR hat jedoch keinen rechten Winkel und DEF ist nicht gleichschenklig.
b) Streckt man das Dreieck ABC vom Zentrum S(–0,5 | 1) aus mit dem Streckfaktor k = 2 und spiegelt das Zwischenbild an der y-Achse, so erhält man das Dreieck UVW.

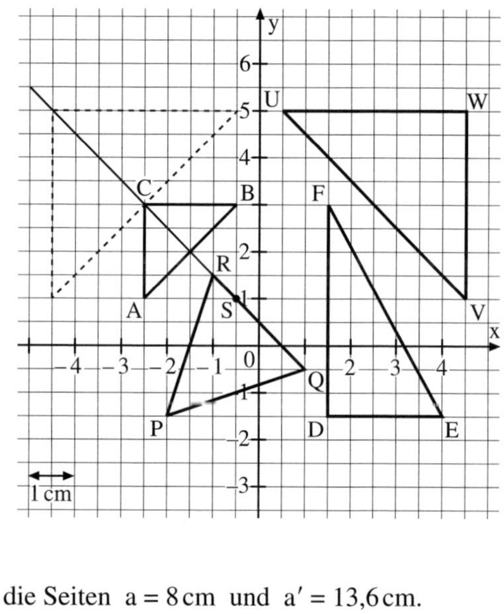

Beispiel 2
In zwei ähnlichen Vielecken entsprechen sich die Seiten $a = 8\,cm$ und $a' = 13{,}6\,cm$.
Wie groß ist der Flächeninhalt A′ des zweiten Vielecks, wenn das erste den Flächeninhalt $A = 310\,cm^2$ besitzt?
Lösung:
Das zweite Vieleck ist zum ersten Vieleck mit dem Maßstab $k = a' : a$ ähnlich.
$k = 13{,}6\,cm : 8\,cm = 1{,}7$; also $A' = k^2 \cdot A = 1{,}7^2 \cdot 310\,cm^2 = 895{,}9\,cm^2$.

4 Ähnlichkeitssätze für Dreiecke

Bei Dreiecken kann man aus der Gleichheit entsprechender Winkel oder aus der Gleichheit entsprechender Seitenverhältnisse auf die Ähnlichkeit schließen.

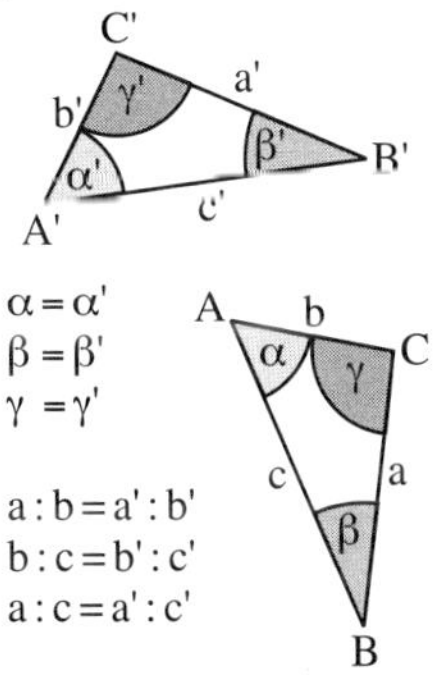

$\alpha = \alpha'$
$\beta = \beta'$
$\gamma = \gamma'$

$a : b = a' : b'$
$b : c = b' : c'$
$a : c = a' : c'$

Tipp:
Wenn zwei Dreiecke in zwei Winkeln übereinstimmen, dann stimmen sie nach dem Winkelsummensatz auch im dritten Winkel überein. Daher genügt es zur Überprüfung von Ähnlichkeit immer, die Übereinstimmung von zwei Winkeln zu prüfen.

Ähnlichkeitssätze für Dreiecke:
(1) Wenn zwei Dreiecke ABC und A′B′C′ in entsprechenden **Winkeln** übereinstimmen, dann sind sie zueinander ähnlich.
(2) Wenn zwei Dreiecke ABC und A′B′C′ in entsprechenden **Seitenverhältnissen** übereinstimmen, dann sind sie zueinander ähnlich.

Beispiel 1
a) Prüfe, ob die Dreiecke auf dem Rand zueinander ähnlich sind.
b) Prüfe, ob ein Dreieck mit Winkeln von 38° und 110° zu einem Dreieck mit Winkeln von 38° und 32° ähnlich ist.
c) Prüfe, ob ein Dreieck mit den Seitenlängen 5 cm; 4 cm; 7 cm zu einem Dreieck mit den Seitenlängen 8,4 cm; 6,0 cm; 4,8 cm ähnlich ist.
Lösung:
a) *Vergleiche entsprechende Winkel* *oder* *Vergleiche entsprechende Seitenverhältnisse.*
Es gilt: $\alpha = \alpha'$, $\beta = \beta'$ und $\gamma = \gamma'$. bzw. Es gilt: $a : a' = b : b' = c : c'$.
Also sind die Dreiecke zueinander ähnlich.
b) $180° - (110° + 38°) = 32°$ — *3. Winkel des ersten Dreiecks berechnen*
Die Dreiecke sind zueinander ähnlich, da sie in allen drei Winkeln übereinstimmen. — *Ersten Ähnlichkeitssatz anwenden.*
c) Vergleich der Seitenverhältnisse: — *Die Seitenlängen beider Dreiecke werden der Größe nach geordnet*
$\frac{4,8}{4} = 1,2$; $\frac{6}{5} = 1,2$; $\frac{8,4}{7} = 1,2$
Die Dreiecke sind zueinander ähnlich, da sie in entsprechenden Seitenverhältnissen übereinstimmen. — *Zweiten Ähnlichkeitssatz anwenden*

Beispiel 2
Jedes rechtwinklige Dreieck ABC mit rechtem Winkel bei C wird durch die Höhe $\overline{CD}$ in zwei rechtwinklige Teildreiecke ADC und BCD zerlegt. Beweise an der Figur rechts den **Kathetensatz**, in dem du die geeigneten Seitenverhältnisse ähnlicher Dreiecke vergleichst und die Verhältnisgleichungen in Produktgleichungen umformst.

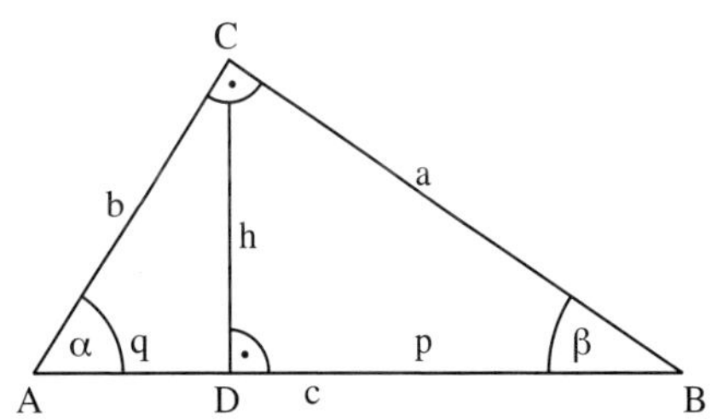

Lösung:
1. Ähnlichkeit:
α ist ein Winkel in ACD und β ein Winkel in BCD. Da beide Teildreiecke rechtwinklig sind, stimmen sie mit ABC in zwei (und damit in drei) Winkeln überein. Also sind die Dreiecke BCD und ACD zu ABC ähnlich.
2. Seitenverhältnisse:
Dreieck ADC: $\frac{q}{b} = \frac{b}{c}$; also: $b^2 = c \cdot q$.
Dreieck BCD: $\frac{p}{a} = \frac{a}{c}$; also: $a^2 = c \cdot p$.

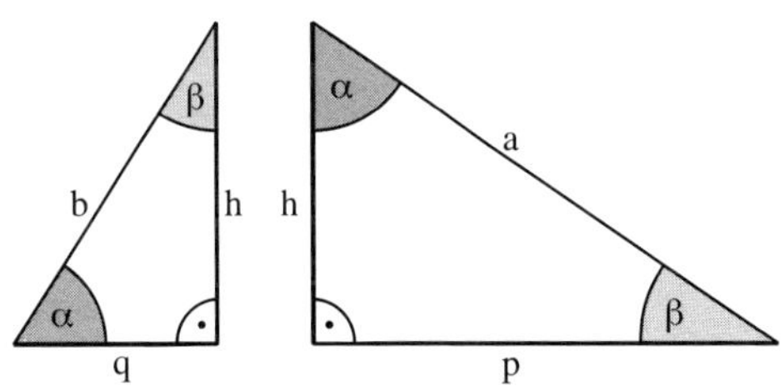

5 Ähnliche Figuren am Kreis

Umfangswinkelsatz:

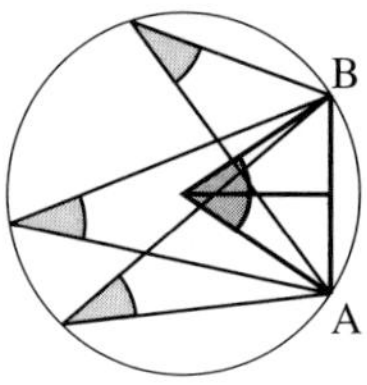

Alle Umfangswinkel über einem Kreisbogen AB sind gleich groß.

Sehnensatz:
Schneiden sich zwei Sehnen $\overline{AB}$ und $\overline{A'B'}$ eines Kreises in einem Punkt P, so gilt:

$\overline{AP} \cdot \overline{PB} = \overline{A'P} \cdot \overline{PB'}$.

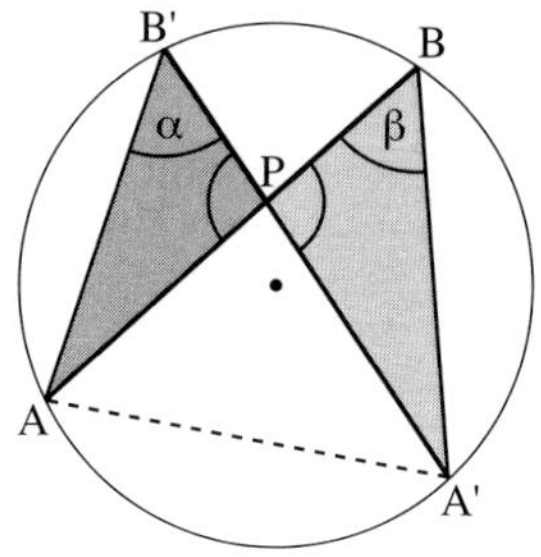

Sekantensatz:
Schneiden sich zwei Sekanten AB und A′B′ eines Kreises außerhalb des Kreises in einem Punkt P, so gilt:
$\overline{PA} \cdot \overline{PB} = \overline{PA'} \cdot \overline{PB'}$

Sekanten-Tangentensatz:
Schneiden sich eine Sekante AB und eine Tangente mit Berührpunkt T eines Kreises in einem Punkt P, so gilt:
$\overline{PT}^2 = \overline{PA} \cdot \overline{PB}$

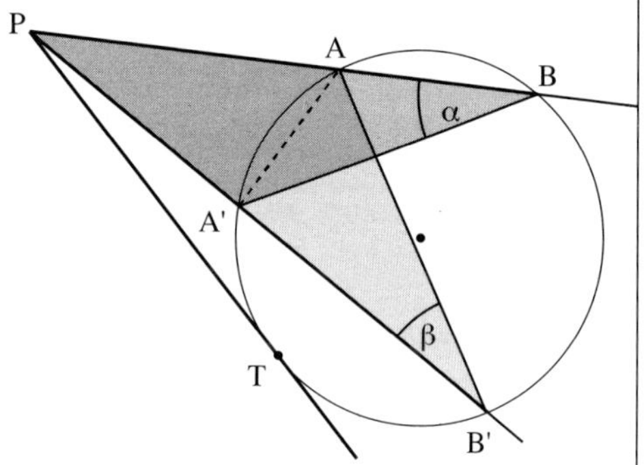

Beispiel 1
Gegeben ist ein Rechteck mit verschieden langen Seiten a und b. Verwandle es mithilfe des Sehnensatzes in ein flächengleiches Quadrat.

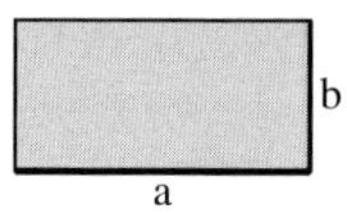

Beschreibung der Konstruktion:
1. Zeichne einen Kreis um einen Punkt M, dessen Durchmesser mindestens $a + b$ beträgt. Zeichne in diesen Kreis eine Sehne der Länge $a + b$ ein.
2. Verbinde den Teilpunkt P der Sehne mit M und konstruiere in P eine Senkrechte zu MP.
3. Der Kreis schneidet aus der Senkrechten eine Sehne der Länge $2c$ mit $c^2 = a \cdot b$ aus.

Konstruktion:

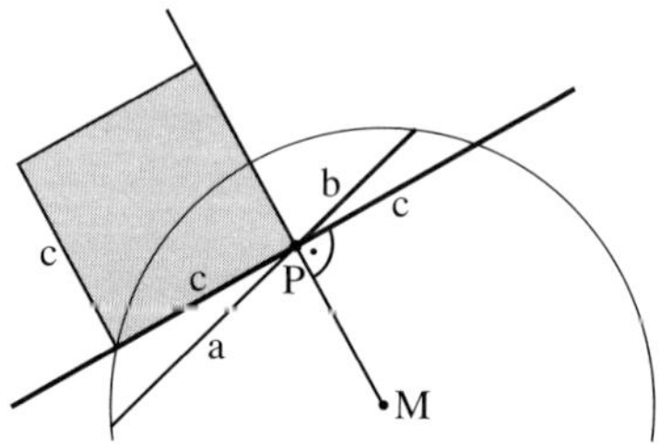

Beispiel 2
Gegeben ist ein Kreis. Von einem Punkt P aus, der außerhalb des Kreises liegt, wird eine Tangente gezeichnet. P hat vom Berührpunkt T den Abstand 6 cm, vom nächsten Punkt Q der Kreislinie 4 cm. Berechne den Kreisradius r.

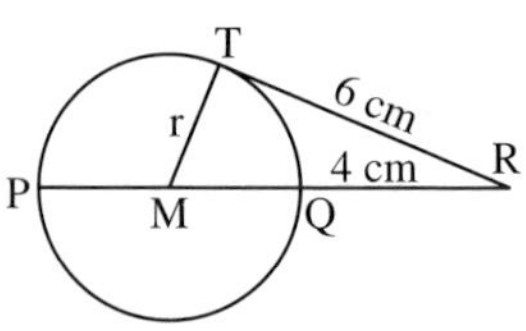

Lösung:
Nach dem Sekanten-Tangentensatz gilt: $\overline{PT}^2 = \overline{PQ} \cdot \overline{PR}$; also $36\,\text{cm}^2 = 4\,\text{cm} \cdot \overline{PR}$.
Es folgt: $\overline{PR} = 9\,\text{cm}$ und damit gilt für den Kreisradius $r = (\overline{PR} - \overline{PQ}) : 2 = 2{,}5\,\text{cm}$.

Für π zeigt der Taschenrechner z. B. als Näherung an:

Der griechische Buchstabe π kommt von peripheria (griech.): Umfang.

1 Kreisberechnungen

Formel für den **Flächeninhalt A** eines Kreises mit dem Radius r: $\mathbf{A = r^2 \pi}$.

Die Kreiszahl π ist **irrational**. Sie lässt sich nicht als Bruch, sondern nur näherungsweise durch einen Bruch angeben.
Hat man den Näherungswert eines Taschenrechners nicht zur Verfügung, so benutzt man als **Näherung** $\pi \approx 3{,}14$ oder $\pi \approx 3\frac{1}{7}$.

Beispiel 1
Berechne den Flächeninhalt A eines Kreises mit dem Durchmesser $d = 8{,}30\,\text{m}$.
Lösung:
$A = r^2 \cdot \pi;\; r = \frac{d}{2} = 4{,}15\,\text{m}$
$A = (4{,}15\,\text{m})^2 \cdot \pi \approx 54{,}11\,\text{m}^2$

Beispiel 2
Berechne den Radius r eines Kreises mit einem Flächeninhalt A von $3{,}5\,\text{cm}^2$.
Lösung:
$A = r^2 \cdot \pi;\; r^2 = \frac{A}{\pi};\; r = \sqrt{\frac{A}{\pi}}$
$r = \sqrt{\frac{3{,}5}{\pi}}\,\text{cm} \approx 1{,}1\,\text{cm}$

Formel für den **Umfang U** eines Kreises mit dem Radius r bzw. dem Durchmesser d:
$\mathbf{U = 2r \cdot \pi}$ bzw. $\mathbf{U = d \cdot \pi}$

Beispiel 3
Berechne den Umfang U eines Kreises mit dem Radius $r = 8{,}4\,\text{cm}$.
Lösung:
$U = 2r \cdot \pi$
$U = 2 \cdot 8{,}4\,\text{cm} \cdot \pi = 16{,}8 \cdot \pi\,\text{cm} \approx 52{,}8\,\text{cm}$

Beispiel 4
Berechne den Durchmesser d eines Kreises mit dem Umfang $U = 6{,}45\,\text{m}$.
Lösung:
$U = d \cdot \pi;\; d = \frac{U}{\pi}$
$d = \frac{6{,}54}{\pi}\,\text{m} \approx 2{,}05\,\text{m}$

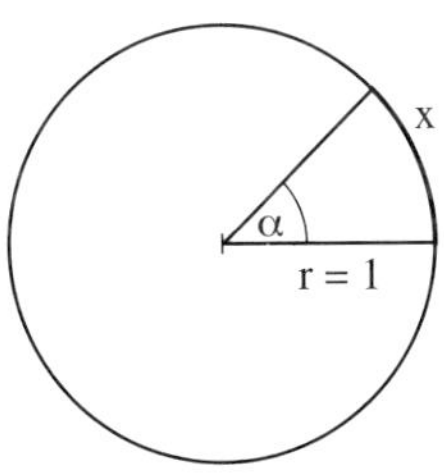

Formeln für den **Kreisausschnitt** mit dem **Mittelpunktswinkel** α:

Flächeninhalt A des Kreisausschnitts:
$A = \frac{\alpha}{360°} \cdot r^2 \cdot \pi$ oder $A = \frac{1}{2} \cdot b \cdot r$

Länge b des **Kreisbogens**:
$b = \frac{\alpha}{180°} \cdot r \cdot \pi$

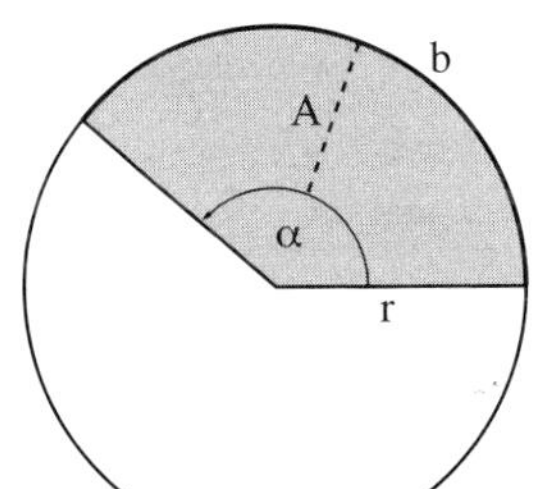

Ein Kreis mit dem Radius $r = 1$ (1 Längeneinheit) heißt **Einheitskreis**.
Statt Winkel in Grad zu messen, kann man auch die zugehörige Bogenlänge im Einheitskreis verwenden. Dieses Winkelmaß heißt **Bogenmaß**.

Beachte:
Das Bogenmaß x wird als eine reelle Zahl ohne Maßeinheit angegeben. Man kann das Bogenmaß auch als den Quotienten $\frac{b}{r}$ auffassen.

Ist α die Größe eines Winkels in Grad und x das entsprechende Bogenmaß, so gilt:
$\mathbf{x = \frac{\alpha}{180°} \cdot \pi}$ und $\mathbf{\alpha = \frac{x}{\pi} \cdot 180°}$

Beispiel 5

Ein Kreis hat den Radius $r = 6{,}00\,m$. Berechne für einen Ausschnitt dieses Kreises mit dem Mittelpunktswinkel $\alpha = 70°$ a) die Länge des Bogens b) den Flächeninhalt.

Lösung:

a) $b = \frac{\alpha}{180°} \cdot r \cdot \pi$; $b = \frac{70°}{180°} \cdot 6 \cdot \pi\,m \approx 7{,}33\,m$.

b) *Da in a) bereits die Bogenlänge b berechnet wurde, benutzt man am besten die Formel:*

$A = \frac{1}{2} \cdot b \cdot r$; $A \approx \frac{1}{2} \cdot 7{,}33 \cdot 6\,m^2 \approx 22{,}00\,m^2$.

Beispiel 6

Welcher Mittelpunktswinkel gehört zu einem Bogen $b = 20{,}0\,cm$ bei $r = 8{,}0\,cm$?

Lösung:

Aus $b = \frac{\alpha}{180°} \cdot r \cdot \pi$ folgt $\alpha = \frac{b \cdot 180°}{r \cdot \pi}$; $\alpha = \frac{20\,cm \cdot 180°}{8\,cm \cdot \pi} \approx 143{,}24°$.

Beispiel 7

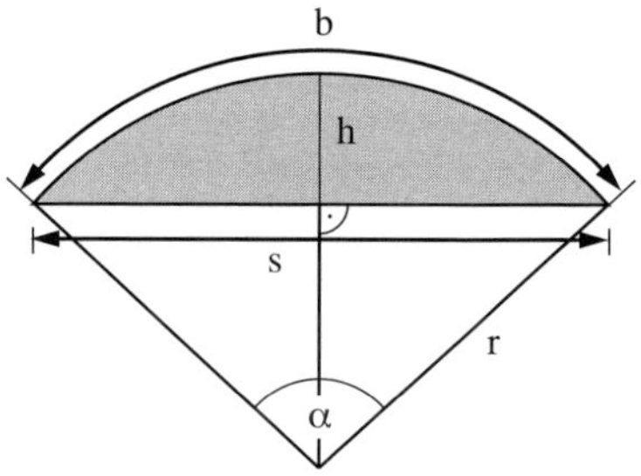

Die gefärbte Fläche nennt man **Kreisabschnitt**.

a) Begründe, dass für den Flächeninhalt A des Kreisabschnitts gilt:
$A = \frac{1}{2} \cdot b \cdot r - \frac{1}{2} \cdot s \cdot (r - h)$.

b) Berechne den Flächeninhalt A eines Kreisabschnitts mit $r = 6{,}0\,cm$, $s = 9{,}0\,cm$ und $b = 10\,cm$.

Lösung:

a) $\frac{1}{2} \cdot b \cdot r$ ist der Flächeninhalt des Kreisausschnitts, $\frac{1}{2} \cdot s \cdot (r - h)$ ist der Flächeninhalt des Dreiecks. Der Flächeninhalt des Kreisabschnitts ergibt sich als die Differenz der beiden.

b) *Zunächst ist $r - h$ zu bestimmen.* Nach dem Satz des Pythagoras gilt:

$(r - h)^2 = r^2 - \left(\frac{s}{2}\right)^2$; $(r - h)^2 = (6\,cm)^2 - (4{,}5\,cm)^2 = 15{,}75\,cm^2$; $r - h \approx 3{,}97\,cm$

$A = \frac{1}{2} \cdot b \cdot r - \frac{1}{2} \cdot s \cdot (r - h)$; $A \approx \frac{1}{2} \cdot 10\,cm \cdot 6\,cm - \frac{1}{2} \cdot 9\,cm \cdot 3{,}97\,cm$; $A \approx 12{,}14\,cm^2$.

Beispiel 8

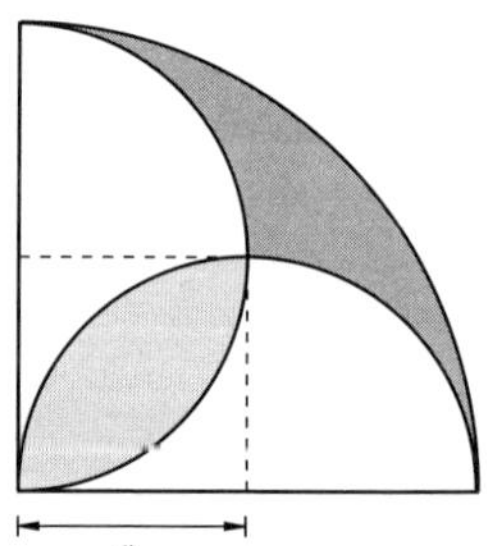

Bestimme in der Figur den Inhalt der

a) dunkelgrau b) hellgrau gefärbten Fläche.

Lösung:

a) *Den Flächeninhalt des dunkelgrauen „Kreisdreiecks“ erhält man so: Subtrahiere vom Inhalt des Viertelkreises mit dem Radius 2 r die Inhalte der zwei Viertelkreise mit dem Radius r und des Quadrats:*

$A = \frac{1}{4} \cdot (2r)^2 \cdot \pi - 2 \cdot \frac{1}{4} \cdot r^2 \cdot \pi - r^2 = r^2\left(\frac{\pi}{2} - 1\right)$

b) *Den Flächeninhalt des hellgrauen „Kreiszweiecks“ erhält man so: Bestimme den Inhalt zweier Viertelkreis mit dem Radius r und subtrahiere davon den Inhalt des Quadrats:*

$A = 2 \cdot \frac{1}{4} \cdot r^2 \cdot \pi - r^2 = r^2\left(\frac{\pi}{2} - 1\right)$. Die beiden Flächen sind also genau gleich groß.

Wichtige Bogenmaße

Gradmaß	Bogenmaß
0°	0
30°	$\frac{\pi}{6} \approx 0{,}52$
45°	$\frac{\pi}{4} \approx 0{,}78$
60°	$\frac{\pi}{3} \approx 1{,}05$
90°	$\frac{\pi}{2} \approx 1{,}57$
180°	$\pi \approx 3{,}14$
270°	$\frac{3\pi}{2} \approx 4{,}71$
360°	$2\pi \approx 6{,}28$

Beispiel 9

Rechne um: a) 42° in das Bogenmaß b) 1,2 in das Gradmaß

Lösung:

a) $x = \frac{\alpha}{180°} \cdot \pi$; $x = \frac{42°}{180°} \cdot \pi \approx 0{,}73$

b) $\alpha = \frac{x}{\pi} \cdot 180°$; $\alpha = \frac{1{,}2}{\pi} \cdot 180° = \frac{216°}{\pi} \approx 68{,}75°$

XI Körperberechnungen

1 Prisma und Zylinder

Ein Körper mit zwei zueinander parallelen und kongruenten Vielecken, den Grundflächen, dessen andere Flächen Rechtecke sind, heißt ***Prisma****.*

Formeln für ein **Prisma** mit Grundfläche G, Mantelfläche M und Höhe h:

Volumen V: $V = G \cdot h$

Oberflächeninhalt O: $O = 2G + M$

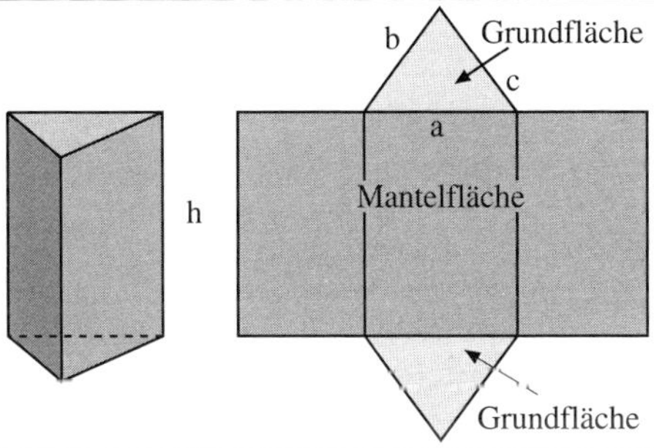

Überlege zunächst, welches die Grundfläche ist bzw. welches die Seitenflächen des Prismas sind.

Ein Trapez hat den Flächeninhalt
$A = \frac{1}{2}(a + c) \cdot h$.

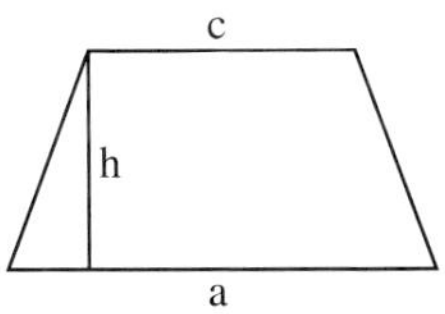

Beispiel 1

Berechne für das gegebene Prisma:
a) das Volumen b) den Oberflächeninhalt.

Lösung:

Die Grundfläche liegt vorne. Sie ist ein symmetrisches Trapez. Um ihren Inhalt zu berechnen, muss man die Höhe h_T des Trapezes berechnen.

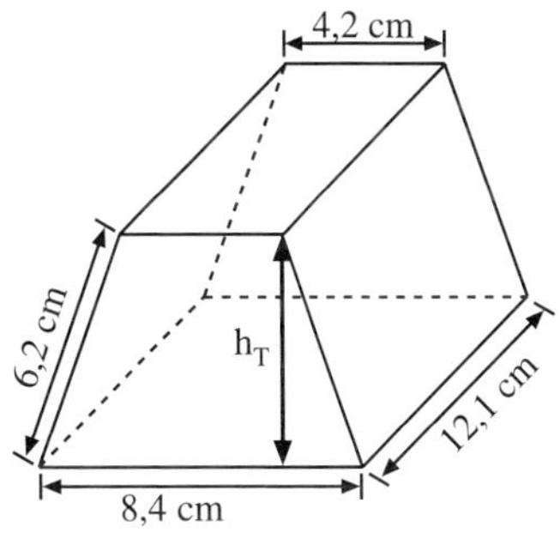

a) *Nach dem Satz des Pythagoras gilt:*

$(6{,}2\,\text{cm})^2 = h_T^2 + \left(\frac{8{,}4\,\text{cm} - 4{,}2\,\text{cm}}{2}\right)^2$

$h_T^2 = (6{,}2\,\text{cm})^2 - (2{,}1\,\text{cm})^2 = 34{,}03\,\text{cm}^2$ $\quad h_T \approx 5{,}8\,\text{cm}$

$G = \frac{1}{2}(a + c) \cdot h_T$ $\quad G \approx \frac{8{,}4\,\text{cm} + 4{,}2\,\text{cm}}{2} \cdot 5{,}8\,\text{cm} \approx 36{,}5\,\text{cm}^2$

$V = G \cdot h_T$ $\quad V \approx 36{,}5\,\text{cm}^2 \cdot 12{,}1\,\text{cm} \approx 442\,\text{cm}^3$

b) $O = 2 \cdot G + M$

$M = 2 \cdot 6{,}2\,\text{cm} \cdot 12{,}1\,\text{cm} + 4{,}2\,\text{cm} \cdot 12{,}1\,\text{cm} + 8{,}4\,\text{cm} \cdot 12{,}1\,\text{cm} \approx 302{,}5\,\text{cm}^2$

$O \approx 2 \cdot 36{,}5\,\text{cm}^2 + 302{,}5\,\text{cm}^2 = 375{,}5\,\text{cm}^2$

Formeln für einen **Zylinder** mit Radius r, Grundfläche G und Höhe h:

Volumen V: $V = G \cdot h = r^2 \cdot \pi \cdot h$

Inhalt der Mantelfläche M: $M = 2 \cdot \pi \cdot r \cdot h$

Oberflächeninhalt O: $O = 2G + 2M$
$= 2r\pi(r + h)$

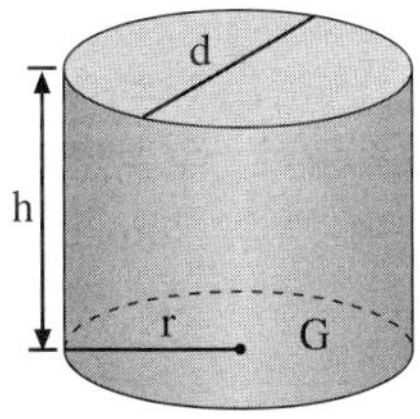

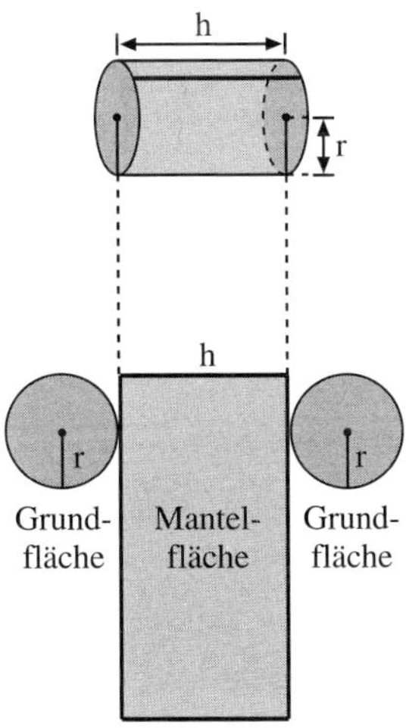

Beispiel 2

a) Berechne Volumen V und Inhalt der Mantelfläche M einer zylindrischen Dose mit dem Durchmesser $d = 6{,}0\,\text{cm}$ und der Höhe $h = 8{,}5\,\text{cm}$.

b) Welchen Radius r_2 hat eine Dose mit gleicher Höhe und $V = 688{,}5 \cdot \pi\,\text{cm}^3$?

Lösung

a) $V = r^2 \cdot \pi \cdot h$ $\quad V = (3{,}0\,\text{cm})^2 \cdot 8{,}5\,\text{cm} \cdot \pi = 76{,}5 \cdot \pi\,\text{cm}^3 \approx 240{,}3\,\text{cm}^3$

$M = 2r \cdot \pi \cdot h$ $\quad M = 2 \cdot 3\,\text{cm} \cdot \pi \cdot 8{,}5\,\text{cm} = 51 \cdot \pi\,\text{cm}^2 \approx 160{,}2\,\text{cm}^2$

b) $V = r_2^2 \cdot \pi \cdot h$ $\quad 688{,}5 \cdot \pi\,\text{cm}^3 = r_2^2 \cdot \pi \cdot 8{,}5\,\text{cm}$

$r_2^2 = 81\,\text{cm}^2;\ r_2 = 9\,\text{cm}$

2 Kegel, Pyramide und Kugel

Befindet sich bei einem Kegel seine Spitze senkrecht über dem Mittelpunkt des Grundkreises, so nennt man den Kegel einen ***geraden Kegel****. Wenn nichts anderes erwähnt wird, werden hier stets gerade Kegel betrachtet.*

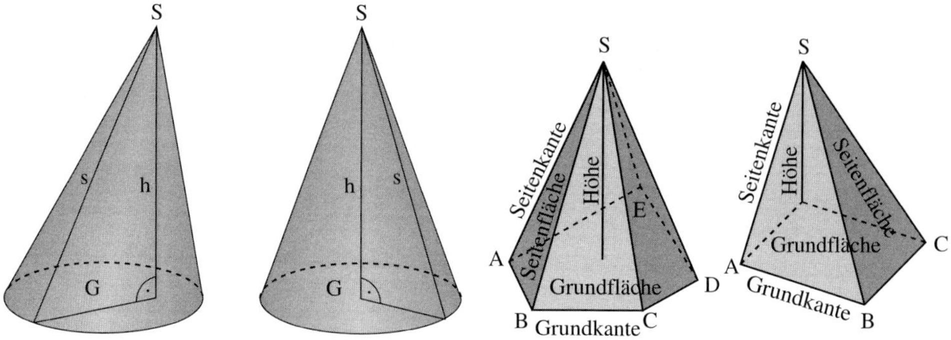

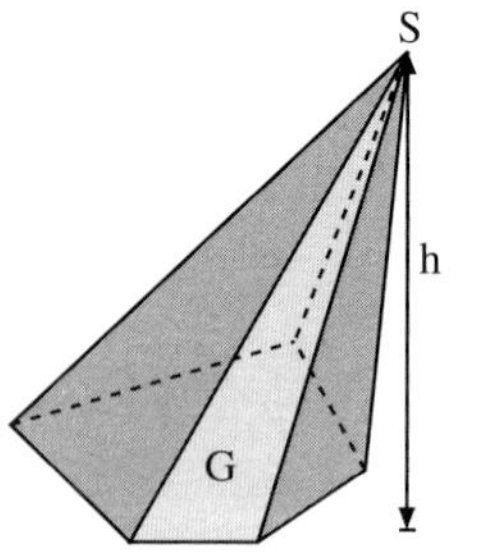

Die Oberfläche von Kegel und Pyramide besteht aus der **Grundfläche** und der **Mantelfläche**. Die Mantelfläche der Pyramide wird aus ihren **Seitenflächen** gebildet. Der Abstand der Spitze des Kegels oder der Pyramide von der Ebene, in der die Grundfläche liegt, heißt **Höhe** des Körpers.

Formel für eine **Pyramide** oder einen **Kegel** mit der Grundfläche G und der Höhe h:
Volumen V: $V = \frac{1}{3} \cdot G \cdot h$

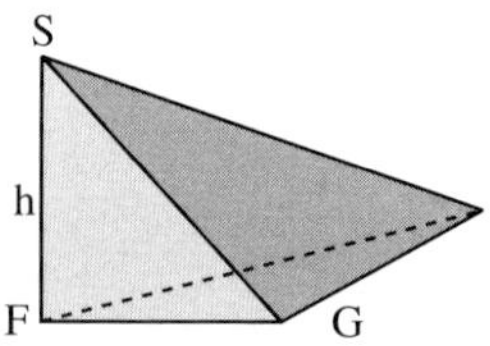

Die Höhe eines Körpers kann auch außerhalb des Körpers liegen.

Ist A ein Punkt auf dem Rand des Grundkreises eines Kegels und S die Spitze, so nennt man die Strecke $\overline{AS}$ eine **Mantellinie**.

Die Abwicklung des Kegelmantels ist ein Kreisausschnitt. Sein Radius ist die Länge s der Mantellinien, sein Bogen ist gleich dem Umfang des Grundkreises.

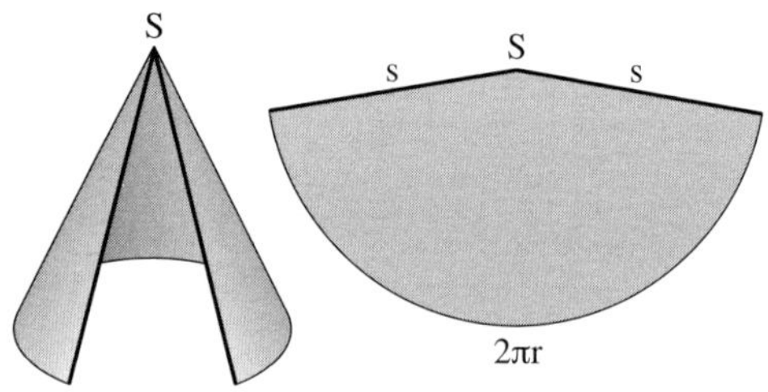

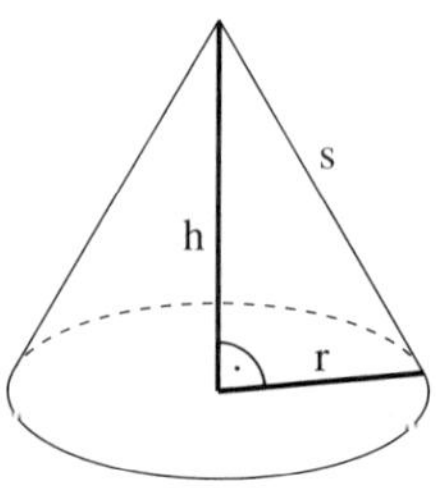

Formeln für einen (geraden) **Kegel** mit dem Grundkreisradius r, der Grundfläche G, der Mantellinie s und der Höhe h:

Volumen V:	$\mathbf{V = \frac{1}{3} \cdot G \cdot h = \frac{1}{3} r^2 \cdot \pi \cdot h}$
Inhalt M der Mantelfläche:	$\mathbf{M = r \cdot s \cdot \pi}$
Oberflächeninhalt O:	$\mathbf{O = G + M = r^2 \cdot \pi + r \cdot s \cdot \pi = r(r + s) \cdot \pi}$

Formeln für einen **Pyramidenstumpf** mit den Grundflächen G_1 und G_2 und einen **Kegelstumpf** mit den Radien r_1 und r_2 und jeweils der Höhe h:

Volumen des Pyramidenstumpfes:
$\mathbf{V = \frac{1}{3} \cdot h \cdot \left(G_1 + \sqrt{G_1 G_2} + G_2\right)}$

Volumen eines Kegelstumpfes:
$\mathbf{V = \frac{1}{3} \cdot h \cdot (r_1^2 + r_1 r_2 + r_2^2) \cdot \pi}$

Mantelfläche des Kegelstumpfes:
$\mathbf{M = s(r_1 + r_2) \cdot \pi}$

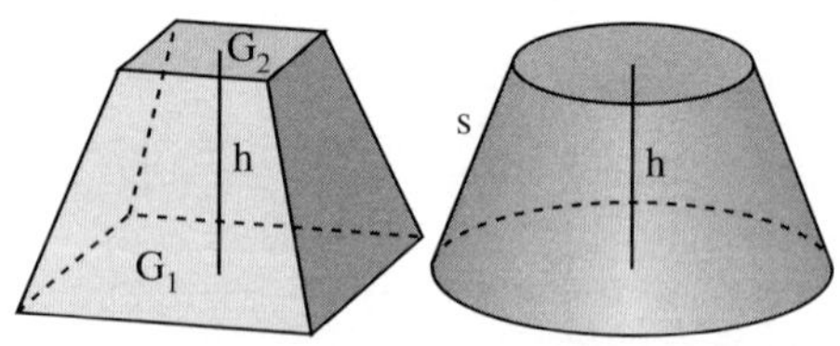

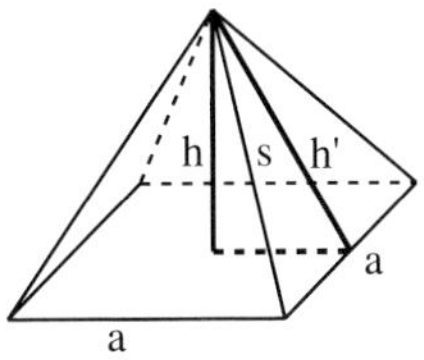

Beispiel 1

Eine quadratische Pyramide hat die Grundkante $a = 5{,}0\,\text{cm}$ und die Höhe $h = 6{,}0\,\text{cm}$.

a) Berechne ihr Volumen V.

b) Berechne ihren Oberflächeninhalt O.

Lösung:

a) Grundfläche $G = a^2$; $V = \frac{1}{3} \cdot G \cdot h = \frac{1}{3} \cdot a^2 \cdot h$; $V = \frac{1}{3} \cdot (5\,\text{cm})^2 \cdot 6\,\text{cm} = 50\,\text{cm}^3$.

b) *Zur Berechnung der Flächeninhalte der Seitendreiecke muss zuerst deren Höhe h nach dem Satz des Pythagoras bestimmt werden.*

$h'^2 = h^2 + \left(\frac{a}{2}\right)^2$; $h' = \sqrt{h^2 + \left(\frac{a}{2}\right)^2}$; $h' = \sqrt{(6\,\text{cm})^2 + (2{,}5\,\text{cm})^2} = \sqrt{42{,}25}\,\text{cm} = 6{,}5\,\text{cm}$.

$O = G + 4 \cdot \frac{1}{2} \cdot a \cdot h' = G + 2 \cdot a \cdot h'$

$O = 50\,\text{cm}^2 + 2 \cdot 5\,\text{cm} \cdot 6{,}5\,\text{cm} = 115\,\text{cm}^2$

Beispiel 2

Berechne das Volumen V und den Oberflächeninhalt O eines Kegels mit dem Radius $r = 5\,\text{cm}$ und der Höhe $h = 12\,\text{cm}$.

Lösung:

$V = \frac{1}{3} \cdot r^2 \cdot \pi \cdot h$ $\qquad$ $V = \frac{1}{3}(5\,\text{cm})^2 \cdot \pi \cdot 12\,\text{cm} = 100 \cdot \pi\,\text{cm}^3 \approx 314\,\text{cm}^3$

Die Mantellinie s lässt sich mithilfe des Satzes von Pythagoras bestimmen:

$s^2 = r^2 + h^2$

$s = \sqrt{r^2 + h^2}$ $\qquad$ $s = \sqrt{(5\,\text{cm})^2 + (12\,\text{cm})^2} = \sqrt{169\,\text{cm}^2} = 13\,\text{cm}$

$O = r(r + s) \cdot \pi$ $\qquad$ $O = 5\,\text{cm} \cdot (5\,\text{cm} + 12\,\text{cm}) \cdot \pi = 85 \cdot \pi\,\text{cm}^2 \approx 267\,\text{cm}^2$.

Beispiel 3

Berechne das Volumen des quadratischen Pyramidenstumpfes, den du rechts siehst.

Lösung:

$G_1 = a_1^2$; $G_2 = a_2^2$

$V = \frac{1}{3} \cdot h \cdot (a_1^2 + a_1 a_2 + a_2^2)$

$V = \frac{1}{3} \cdot 12\,\text{cm} \cdot (49\,\text{cm}^2 + 7\,\text{cm} \cdot 4\,\text{cm} + 16\,\text{cm}^2)$

$V = 372\,\text{cm}^3$

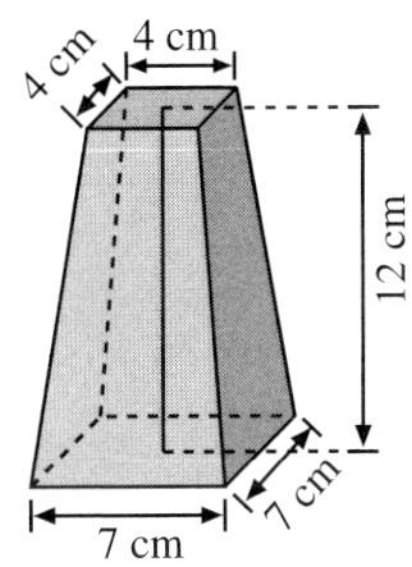

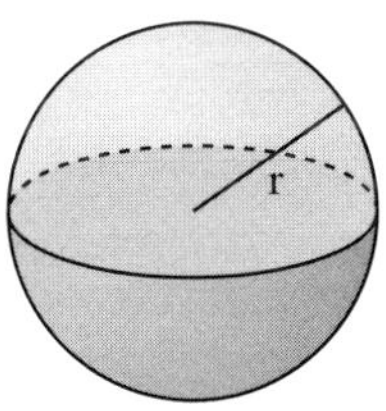

Formeln für eine **Kugel** mit Radius r:

Volumen V: $\mathbf{V = \frac{4}{3} \cdot r^3 \cdot \pi}$

Oberflächeninhalt O: $\mathbf{O = 4\,r^2 \cdot \pi}$

Beispiel 4

Berechne für eine Kugel mit dem Radius $r = 12\,\text{cm}$

a) das Volumen V

b) den Oberflächeninhalt O.

Lösung:

a) $V = \frac{4}{3} \cdot r^3 \cdot \pi$

$V = \frac{4}{3} \cdot (12\,\text{cm})^3 \cdot \pi \approx 7238\,\text{cm}^3$

b) $O = 4 \cdot r^2 \cdot \pi$

$O = 4 \cdot (12\,\text{cm})^2 \cdot \pi \approx 1810\,\text{cm}^2$

Beispiel 5

Berechne den Radius r einer Kugel mit dem Volumen $V = 288 \cdot \pi\,\text{cm}^3$.

Lösung:

$V = \frac{4}{3} r^3 \cdot \pi = 288 \cdot \pi\,\text{cm}^3$; $r^3 = 216\,\text{cm}^3$; $r = \sqrt[3]{216\,\text{cm}^3} = 6\,\text{cm}$.

XII Trigonometrie

Zur Erinnerung: *Dreiecke sind zueinander ähnlich, wenn sie in zwei (und damit in drei) Winkeln übereinstimmen.*

1 Berechnungen an rechtwinkligen Dreiecken

Satz:
(1) Stimmen rechtwinklige Dreiecke in ihren Winkeln überein, so sind entsprechende Seitenverhältnisse gleich groß.
(2) Stimmen rechtwinklige Dreiecke in **einem** entsprechenden Seitenverhältnis überein, so sind sich entsprechende Winkel gleich groß.

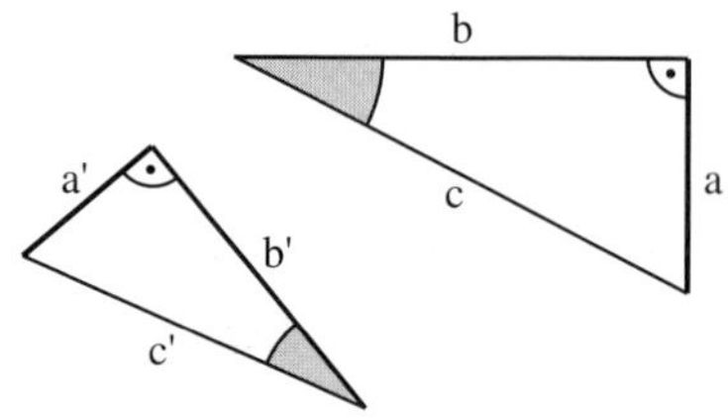

$\frac{a}{b} = \frac{a'}{b'}$; $\frac{b}{c} = \frac{b'}{c'}$; $\frac{c}{a} = \frac{c'}{a'}$

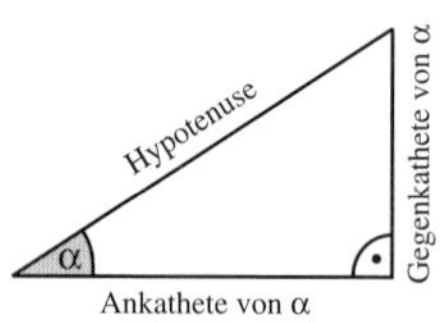

Im rechtwinkligen Dreieck heißt die einem spitzen Winkel gegenüberliegende Kathete seine **Gegenkathete**, die andere seine **Ankathete**. Da schon ein Seitenverhältnis in einem solchen Dreieck alle Winkel festlegt, vereinbart man für die Seitenverhältnisse besondere Namen:

Definition: Ist α ein spitzer Winkel im rechtwinkligen Dreieck, so setzt man:

$\sin(\alpha) = \frac{\text{Gegenkathete von } \alpha}{\text{Hypotenuse}}$ (lies: Sinus von α)

$\cos(\alpha) = \frac{\text{Ankathete von } \alpha}{\text{Hypotenuse}}$ (lies: Kosinus von α)

$\tan(\alpha) = \frac{\text{Gegenkathete von } \alpha}{\text{Ankathete von } \alpha}$ (lies: Tangens von α)

Beispiel 1
Zwei Seiten gegeben

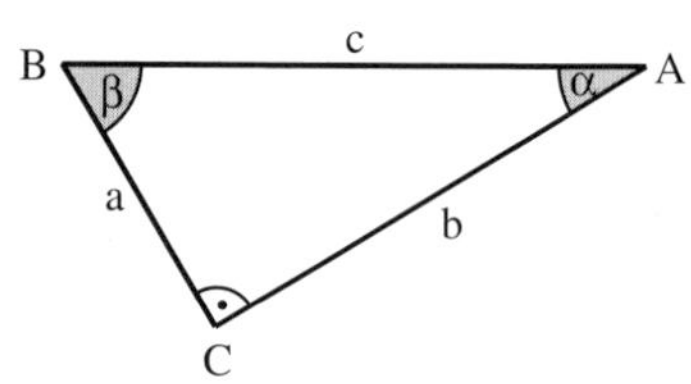

Gegeben: Kathete a = 2,2 cm und
Hypotenuse c = 4,3 cm
Gesucht: Kathete b, Winkel α, Winkel β
Lösung:

Verwende bei der Bestimmung des ersten Winkels nur gegebene Stücke!

Formel:	*umgeformt:*	*Rechnung:*	*Ergebnis (gerundet):*
$a^2 + b^2 = c^2$	$b = \sqrt{c^2 - a^2}$	$b = \sqrt{(4{,}3\,\text{cm})^2 - (2{,}2\,\text{cm})^2}$	$b \approx 3{,}7\,\text{cm}$
$\sin(\alpha) = \frac{a}{c}$		$\sin(\alpha) = \frac{2{,}2\,\text{cm}}{4{,}3\,\text{cm}} \approx 0{,}511\,627\,91$	$\alpha \approx 30{,}8°$
$\alpha + \beta = 90°$	$\beta = 90° - \alpha$	$\beta \approx 90° - 30{,}8°$	$\beta \approx 59{,}2°$

Beispiel 2
1 Winkel und 1 Seite gegeben

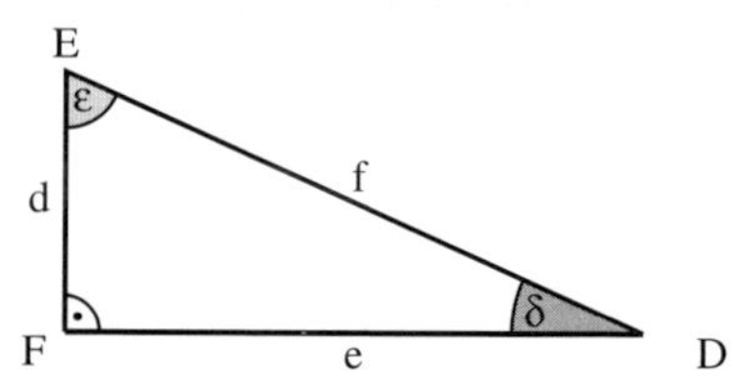

Gegeben: Winkel δ = 23,8° und
Kathete e = 4,3 cm
Gesucht: Winkel ε, Kathete δ,
Hypotenuse f
Lösung:

Die zweite Kathete wird hier mit dem Tangens bestimmt, da nur gegebene Stücke verwendet werden sollten. Die Berechnung mit dem Lehrsatz des Pythagoras wäre aufwändiger und dürfte nur mit dem nicht gerundeten Wert von f durchgeführt werden.

Formel:	*umgeformt:*	*Rechnung:*	*Ergebnis (gerundet):*
$\delta + \varepsilon = 90°$	$\varepsilon = 90° - \delta$	$\varepsilon = 90° - 23{,}8°$	$\varepsilon = 66{,}2°$
$\cos(\delta) = \frac{e}{f}$	$f = \frac{e}{\cos(\delta)}$	$f = \frac{4{,}3\,\text{cm}}{\cos(23{,}8°)}$	$f \approx 4{,}7\,\text{cm}$
$\tan(\delta) = \frac{d}{e}$	$d = e \cdot \tan(\delta)$	$d = 4{,}3\,\text{cm} \cdot \tan(23{,}8°)$	$d \approx 1{,}9\,\text{cm}$

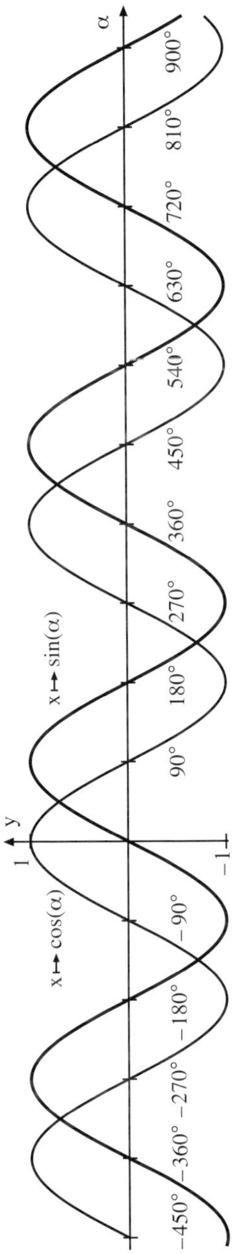

2 Sinus- und Kosinusfunktion für das Gradmaß

Die Funktionen sin und cos werden so für alle Winkel α definiert:
Jeder Winkel α mit der positiven x-Achse als erstem Schenkel bestimmt mit seinem zweiten Schenkel einen Punkt P_α auf dem Einheitskreis. Man legt fest:
Die x-Koordinate des Punktes P_α ist **cos (α)**. Die y-Koordinate des Punktes P_α ist **sin (α)**.

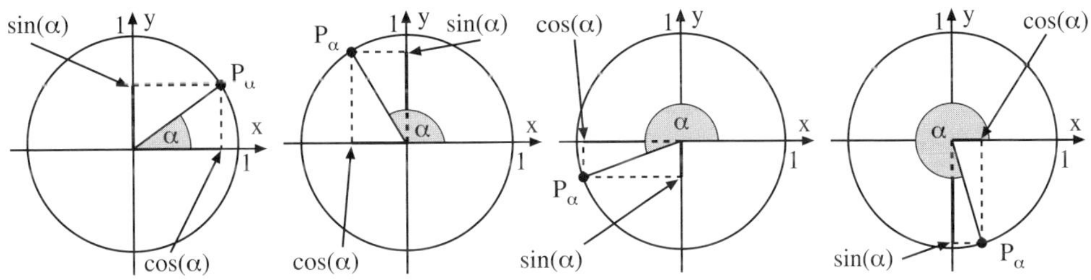

So überträgt man die Definition von sin und cos auf negative Winkel und auf Winkel über 360°.

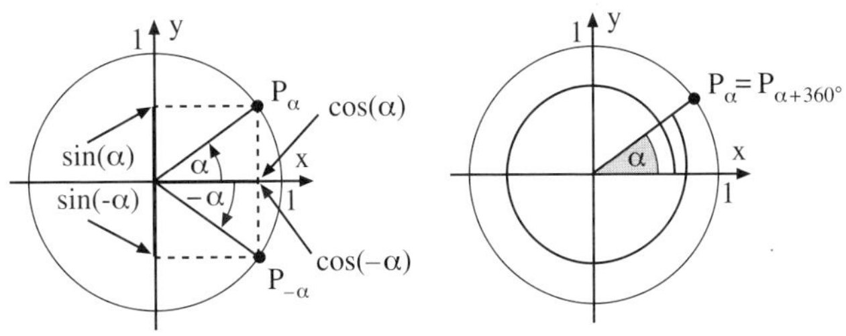

Für alle Winkel α gilt:
1. $\sin(-\alpha) = -\sin(\alpha)$, $\cos(-\alpha) = \cos(\alpha)$
2. $\cos(\alpha) = \sin(\alpha + 90°)$, $\sin(\alpha) = \cos(\alpha + 90°)$
3. $\sin^2(\alpha) + \cos^2(\alpha) = 1$

Die Funktionen sin und cos sind periodisch mit der Periode 360°.

Zum Begriff periodische Funktionen siehe auch Seite 56.

Beispiel
Bestimme mit dem Taschenrechner (TR) auf eine Nachkommastelle gerundete Näherungswerte für alle Winkel α zwischen 0° und 360° mit
a) $\sin(\alpha) = 0{,}735$ b) $\cos(\alpha) = -0{,}532$ c) $\sin(\alpha) = -0{,}612$.
Lösung:
a) *Der TR liefert eine Näherungslösung $\alpha_1 \approx 47{,}3°$ zwischen 0° und 360°. Dann ist auch $\alpha_2 = 180° - \alpha_1$ eine Näherungslösung.*
$\alpha_1 \approx 47{,}3°$ und $\alpha_2 \approx 180° - 47{,}3° = 132{,}7°$.
b) *Der TR liefert eine Näherungslösung $\alpha_1 \approx 122{,}1°$. Dann ist auch $\alpha_2 \approx 360° - \alpha_1$ eine Näherungslösung.*
$\alpha_1 \approx 122{,}1°$ und $\alpha_2 \approx 360° - 122{,}1° = 237{,}9°$.
c) *Hier ist $\sin(\alpha) < 0$. Daher liefert der TR eine Näherung α_0 zwischen −90° und 0°. Dann sind $\alpha_1 \approx 360° + \alpha_0$ und $\alpha_2 \approx 180° - \alpha_0$ Näherungslösungen zwischen 0° und 360°.*
$\alpha_1 \approx 360° + (-37{,}7°) = 322{,}3°$ und $\alpha_2 \approx 180° - (-37{,}7°) = 217{,}7°$.

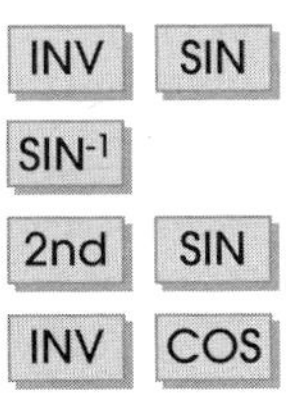

Verschiedene Taschenrechner haben verschiedene Tasten.

3 Die Tangensfunktion

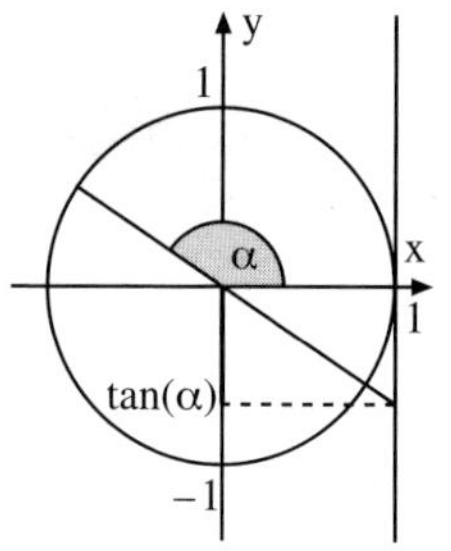

Die Funktion tan wird so für alle Winkel α mit $\alpha \neq 90° + k \cdot 180°$, k aus $\mathbb{Z}$ definiert: Jeder Winkel α mit der positiven x-Achse als erstem Schenkel bestimmt mit seinem zweiten Schenkel einen Schnittpunkt P_α mit der Tangente an den Einheitskreis im Punkt A(1|0).
Man legt fest:
Die y-Koordinate des Punktes P_α ist **tan(α)**.

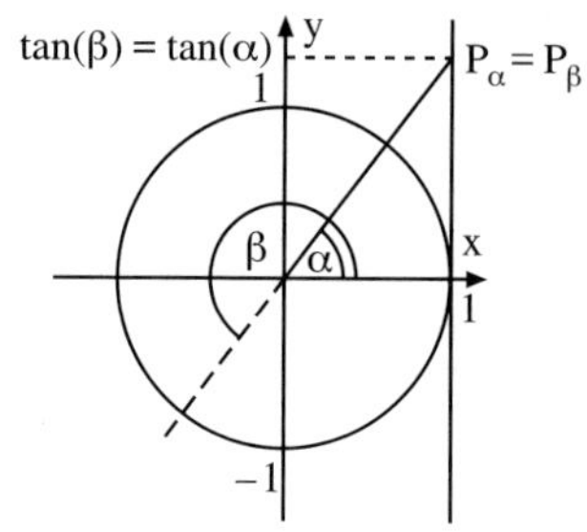

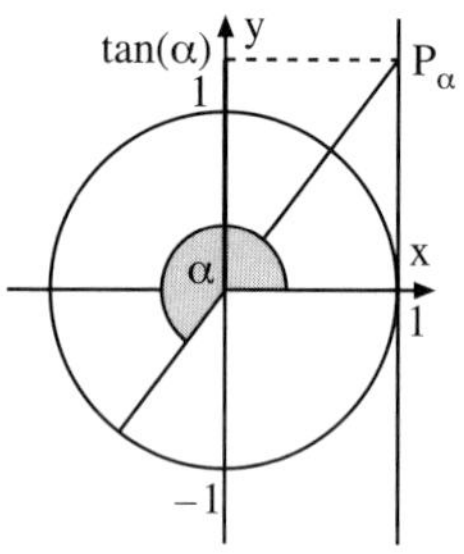

Wichtige Eigenschaften der Tangensfunktion:

Für alle Winkel α mit $\alpha \neq 90° + k \cdot 180°$ (k aus $\mathbb{Z}$) und damit $\cos(\alpha) = 0$ gilt:
1. $\tan(\alpha + k \cdot 180°) = \tan(\alpha)$, d. h. die Tangensfunktion hat die Periode 180°.
2. $\tan(\alpha) = \frac{\sin(\alpha)}{\cos(\alpha)}$.
3. $\tan(-\alpha) = -\tan(\alpha)$. Daraus folgt, dass der Graph der Tangensfunktion punktsymmetrisch zum Ursprung ist.

Graph der Tangensfunktion für $-360° \leqq \alpha \leqq 360°$:

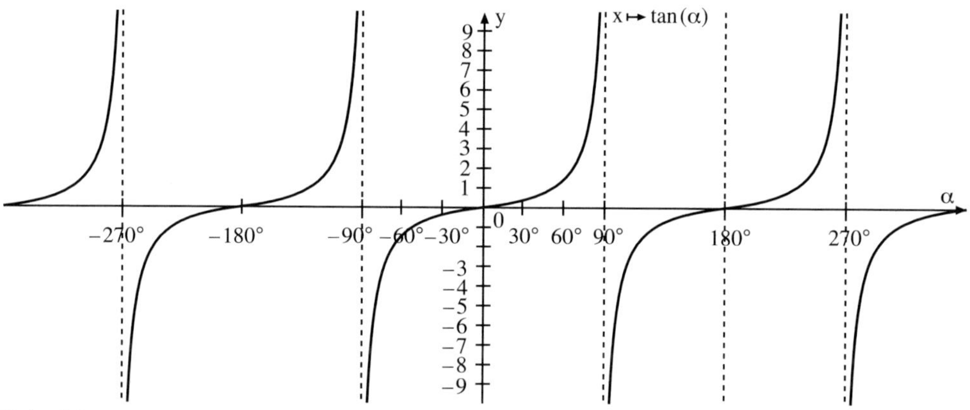

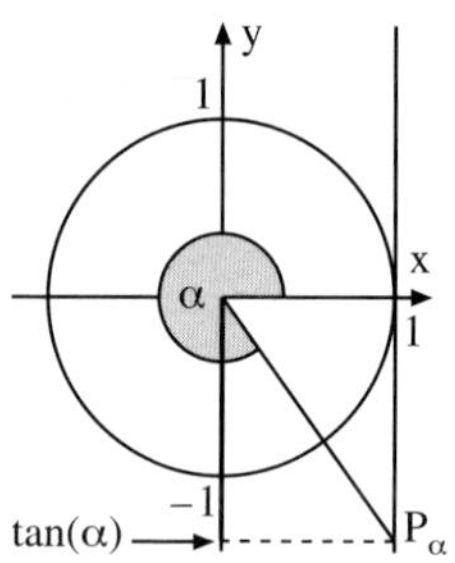

Beispiel
Bestimme mit dem Taschenrechner auf eine Nachkommastelle gerundete Näherungswerte für alle Winkel α zwischen 0° und 360°, für die gilt:
a) $\tan(\alpha) = 3$ b) $\tan(\alpha) = -2$ c) $\tan(\alpha) = -5$, berechne $\tan(-\alpha)$.
Lösung:
a) *Der Taschenrechner liefert eine Näherungslösung* $\alpha_1 \approx 71{,}6°$ *zwischen 0° und 360°. Dann ist auch* $\alpha_2 \approx 180° + \alpha_1$ *eine Näherungslösung.*

INV TAN

$\alpha_1 \approx 71{,}6°$ und $\alpha_2 \approx 180° + 71{,}6° = 251{,}6°$
b) *Hier ist* $\tan(\alpha) < 0$. *Der Taschenrechner liefert daher eine Näherungslösung* $\alpha_0 \approx -63{,}4°$. *Dann sind* $\alpha_1 = 360° + \alpha_0$ *und* $\alpha_2 = 180° + \alpha_0$ *Näherungslösungen zwischen 0° und 360°.*
$\alpha_1 \approx 360° + (-63{,}4°) = 296{,}6°$ und $\alpha_2 \approx 180° + (-63{,}4°) = 116{,}6°$.
c) $\tan(-\alpha) = -\tan(\alpha) = -5$.

4 Die Additionssätze

Additionssätze

$\sin(\alpha+\beta) = \sin(\alpha)\cos(\beta) + \cos(\alpha)\sin(\beta)$, $\cos(\alpha+\beta) = \cos(\alpha)\cos(\beta) - \sin(\alpha)\sin(\beta)$

$\sin(\alpha-\beta) = \sin(\alpha)\cos(\beta) - \cos(\alpha)\sin(\beta)$, $\cos(\alpha-\beta) = \cos(\alpha)\cos(\beta) + \sin(\alpha)\sin(\beta)$

$\tan(\alpha+\beta) = \frac{\tan(\alpha)+\tan(\beta)}{1-\tan(\alpha)\tan(\beta)}$ und $\tan(\alpha-\beta) = \frac{\tan(\alpha)-\tan(\beta)}{1+\tan(\alpha)\tan(\beta)}$

Durch das Anwenden der Additionssätze für Sinus und Kosinus auf die rechten Seiten der folgenden Gleichungen kann man zeigen, dass

$\sin(\alpha) + \sin(\beta) = 2\sin\left(\frac{\alpha+\beta}{2}\right)\cos\left(\frac{\alpha-\beta}{2}\right)$ und $\cos(\alpha) + \cos(\beta) = 2\cos\left(\frac{\alpha+\beta}{2}\right)\cos\left(\frac{\alpha-\beta}{2}\right)$.

Merkhilfe:

α	$\sin\alpha$	$\cos\alpha$
0°	$\frac{1}{2}\sqrt{0}$	$\frac{1}{2}\sqrt{4}$
30°	$\frac{1}{2}\sqrt{1}$	$\frac{1}{2}\sqrt{3}$
45°	$\frac{1}{2}\sqrt{2}$	$\frac{1}{2}\sqrt{2}$
60°	$\frac{1}{2}\sqrt{3}$	$\frac{1}{2}\sqrt{1}$
90°	$\frac{1}{2}\sqrt{4}$	$\frac{1}{2}\sqrt{0}$

Beispiel 1

Bestimme genaue Werte für a) $\sin(15°)$ b) $\cos(165°)$

Lösung:

Schreibe die Winkel als Summe oder Differenz zweier Winkel, von denen du die Funktionswerte kennst, und wende die Additionssätze an.

a) $\sin(15°) = \sin(45° - 30°) = \sin(45°)\cos(30°) - \cos(45°)\sin(30°)$

$= \frac{1}{2}\sqrt{2}\cdot\frac{1}{2}\sqrt{3} - \frac{1}{2}\sqrt{2}\cdot\frac{1}{2} = \frac{1}{4}\sqrt{6} - \frac{1}{4}\sqrt{2} = \frac{1}{4}\left(\sqrt{6}-\sqrt{2}\right)$

$\cos(165°) = \cos(135° + 30°) = \cos(135°)\cos(30°) - \sin(135°)\sin(30°)$

$= -\cos(45°)\cos(30°) - \sin(45°)\sin(30°)$

$= -\frac{1}{2}\sqrt{2}\cdot\frac{1}{2}\sqrt{3} - \frac{1}{2}\sqrt{2}\cdot\frac{1}{2} = -\frac{1}{4}\sqrt{6} - \frac{1}{4}\sqrt{2} = -\frac{1}{4}\left(\sqrt{6}+\sqrt{2}\right)$

Entsprechend kann man zeigen, dass gilt: $\sin(2\alpha) = 2\sin(\alpha)\cos(\alpha)$.

Beispiel 2

Beweise. Für alle Winkel α gilt: $\cos(2\alpha) = 1 - 2\sin^2(\alpha)$

Lösung:

$\cos(2\alpha) = \cos(\alpha+\alpha)$ — *Schreibe 2α als Summe*

$= \cos(\alpha)\cdot\cos(\alpha) - \sin(\alpha)\cdot\sin(\alpha)$ — *Wende den Additionssatz an*

$= \cos^2(\alpha) - \sin^2(\alpha)$

$= (1 - \sin^2(\alpha)) - \sin^2(\alpha)$ — *Benutze die Gleichung $\sin^2(\alpha) + \cos^2(\alpha) = 1$*

$= 1 - 2\sin^2(\alpha)$

Beispiel 3

Beweise. Für alle Winkel α gilt: a) $\left|\sin\left(\frac{\alpha}{2}\right)\right| = \sqrt{\frac{1-\cos(\alpha)}{2}}$ b) $\left|\cos\left(\frac{\alpha}{2}\right)\right| = \sqrt{\frac{1+\cos(\alpha)}{2}}$

Lösung:

a) $\cos\alpha = \cos\left(2\cdot\frac{\alpha}{2}\right) = 1 - 2\cdot\sin^2\left(\frac{\alpha}{2}\right) \quad \left|\ + 2\cdot\sin^2\left(\frac{\alpha}{2}\right);\ -\cos(\alpha)\right.$

$2\cdot\sin^2\left(\frac{\alpha}{2}\right) = 1 - \cos(\alpha) \quad |\ :2$

$\sin^2\left(\frac{\alpha}{2}\right) = \frac{1-\cos(\alpha)}{2}$; also $\left|\sin\left(\frac{\alpha}{2}\right)\right| = \sqrt{\frac{1-\cos(\alpha)}{2}}$.

b) *Benutze die Gleichung* $\sin^2\left(\frac{\alpha}{2}\right) + \cos^2\left(\frac{\alpha}{2}\right) = 1$.

$\cos^2\left(\frac{\alpha}{2}\right) = 1 - \sin^2\left(\frac{\alpha}{2}\right) = 1 - \frac{1-\cos(\alpha)}{2} = \frac{2-(1-\cos(\alpha))}{2} = \frac{1+\cos(\alpha)}{2}$

Also $\left|\cos\left(\frac{\alpha}{2}\right)\right| = \sqrt{\frac{1+\cos(\alpha)}{2}}$.

5 Dreiecksberechnungen mit Sinussatz und Kosinussatz

Sinussatz: In jedem Dreieck ABC verhalten sich die Längen zweier Seiten wie die Sinuswerte ihrer Gegenwinkel: $\frac{a}{b} = \frac{\sin(\alpha)}{\sin(\beta)}$ $\frac{b}{c} = \frac{\sin(\beta)}{\sin(\gamma)}$ $\frac{a}{c} = \frac{\sin(\alpha)}{\sin(\gamma)}$.

Kosinussatz: In jedem Dreieck ABC gilt:
$a^2 = b^2 + c^2 - 2bc \cdot \cos(\alpha)$
$b^2 = a^2 + c^2 - 2ac \cdot \cos(\beta)$
$c^2 = a^2 + b^2 - 2ab \cdot \cos(\gamma)$.

Bemerkung: Bei Dreiecksberechnungen kommt es häufig auf große Genauigkeit an. Man sollte daher versuchen, möglichst nur mit gegebenen Größen zu rechnen.

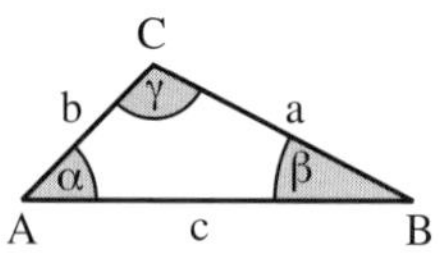

Beispiel 1 (sss)
Gegeben: a = 4,5 cm; b = 7 cm; c = 5,2 cm. Gesucht: α, β, γ
Lösung:

Berechnung des 1. Winkels mit dem Kosinussatz:
$c^2 = a^2 + b^2 - 2ab \cdot \cos(\gamma)$
$\cos(\gamma) = \frac{a^2 + b^2 - c^2}{2ab}$

Berechnung des 2. Winkels mit dem Kosinussatz:
$a^2 = b^2 + c^2 - 2bc \cdot \cos(\alpha)$
$\cos(\alpha) = \frac{b^2 + c^2 - a^2}{2bc}$

Berechnung des 3. Winkels mit dem Winkelsummensatz:
$\alpha + \beta + \gamma = 180°$
$\beta = 180° - (\alpha + \gamma)$

Bei den Zwischenrechnungen wird jetzt und in den folgenden Beispielen nur mit den Maßzahlen gerechnet.

$\cos(\gamma) = \frac{4{,}5^2 + 7^2 - 5{,}2^2}{2 \cdot 4{,}5 \cdot 7}$
$\gamma \approx 47{,}9°$

$\cos(\alpha) = \frac{7^2 + 5{,}2^2 - 4{,}5^2}{2 \cdot 7 \cdot 5{,}2}$
$\alpha \approx 40{,}0°$

$\beta \approx 180° - (40{,}0° + 47{,}9°)$
$\beta \approx 92{,}1°$

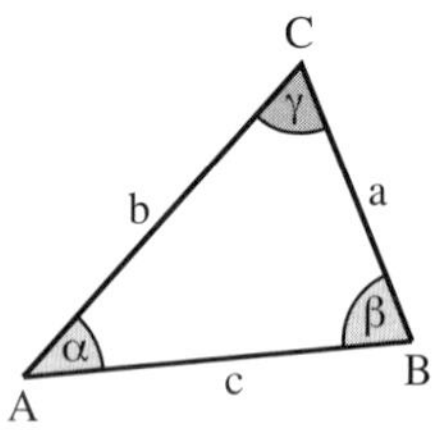

Beachte:
Bei jedem Runden wird das Ergebnis ungenauer.

Beispiel 2 (sws)
Gegeben: c = 5,3 cm; a = 8,2 cm; β = 54°. Gesucht: b, α, γ
Lösung:

Berechnung der 3. Seite mit dem Kosinussatz:
$b^2 = a^2 + c^2 - 2ac \cdot \cos(\beta)$
$b^2 = 8{,}2^2 + 5{,}3^2 - 2 \cdot 8{,}2 \cdot 5{,}3 \cdot \cos(54°)$
$b^2 \approx 44{,}24$
$b \approx 6{,}65\,\text{cm} \approx 6{,}7\,\text{cm}$

Berechnung des 2. Winkels mit dem Kosinussatz:
$c^2 = a^2 + b^2 - 2ab \cdot \cos(\gamma)$
$\cos(\gamma) = \frac{a^2 + b^2 - c^2}{2ab}$
$\cos(\gamma) = \frac{8{,}2^2 + 44{,}24 - 5{,}3^2}{2 \cdot 8{,}2 \cdot 6{,}65}$
$\gamma \approx 40{,}1°$

Berechnung des 3. Winkels mit dem Winkelsummensatz:
$\alpha + \beta + \gamma = 180°$
$\alpha = 180° - (\beta + \gamma)$
$\alpha \approx 85{,}9°$

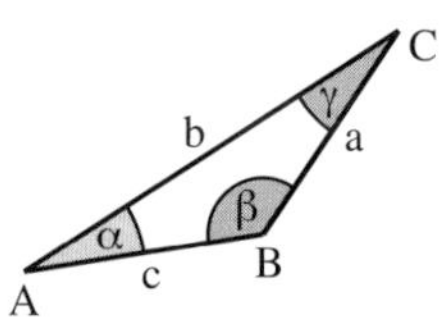

Beispiel 3 (wsw bzw. sww)
Gegeben: α = 33°; γ = 105°; b = 7,3 cm. Gesucht: a, c, β
Lösung:

Berechnung des 3. Winkels mit dem Winkelsummensatz:
$\alpha + \beta + \gamma = 180°$
$\beta = 180° - (\alpha + \gamma)$
$\beta = 180° - (33° + 105°)$
$\beta = 42°$

Berechnung der 2. Seite mit dem Sinussatz:
$\frac{a}{b} = \frac{\sin(\alpha)}{\sin(\beta)}$
$a = \frac{b \cdot \sin(\alpha)}{\sin(\beta)}$
$a = \frac{7{,}3 \cdot \sin(33°)}{\sin(42°)}$
$a \approx 5{,}9\,\text{cm}$

Berechnung der 3. Seite mit dem Sinussatz:
$\frac{c}{b} = \frac{\sin(\gamma)}{\sin(\beta)}$
$c = \frac{b \cdot \sin(\gamma)}{\sin(\beta)}$
$c = \frac{7{,}3 \cdot \sin(105°)}{\sin(42°)}$
$c \approx 10{,}5\,\text{cm}$

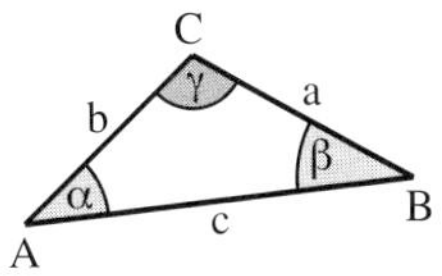

Beispiel 4 (**Ssw** mit Gegenwinkel der größeren Seite)
Gegeben: $a = 4{,}5\,\text{cm}$; $b = 7{,}8\,\text{cm}$; $\beta = 43°$. Gesucht: α, γ, c
Lösung:

Berechnung des 2. Winkels mit dem Sinussatz:

$$\frac{\sin(\alpha)}{a} = \frac{\sin(\beta)}{b}$$

$$\sin(\alpha) = \frac{a \cdot \sin(\beta)}{b}$$

α ist kleiner als β; also gibt es nur eine Lösung.

$\alpha \approx 23{,}2°$

Berechnung des 3. Winkels mit dem Winkelsummensatz:

$$\alpha + \beta + \gamma = 180°$$

$\gamma = 180° - (\alpha + \beta)$
$\gamma \approx 180° - (23{,}2° + 43°)$
$\gamma \approx 113{,}8°$

Berechnung der 3. Seite mit dem Sinussatz:

$$\frac{c}{\sin(\gamma)} = \frac{b}{\sin(\beta)}$$

$$c = \frac{b \cdot \sin(\gamma)}{\sin(\beta)}$$

$c \approx 10{,}5\,\text{cm}$

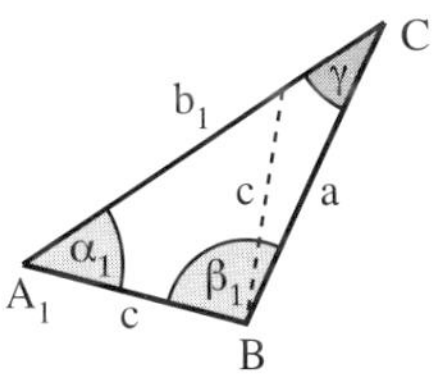

Beispiel 5 (**ssw** mit Gegenwinkel der kleineren Seite)
Gegeben: $a = 5{,}3\,\text{cm}$; $c = 6{,}2\,\text{cm}$; $\alpha = 47°$. Gesucht: β, γ, b
Lösung:

Berechnung des 2. Winkels mit dem Sinussatz:

$$\frac{\sin(\gamma)}{c} = \frac{\sin(\alpha)}{a}$$

$$\sin(\gamma) = \frac{c \cdot \sin(\alpha)}{a}$$

$$\sin(\gamma) = \frac{6{,}2 \cdot \sin(47°)}{5{,}3}$$

$\gamma_1 \approx 58{,}8°$
$\gamma_2 \approx 180° - 58{,}8° = 121{,}2°$

Berechnung des 3. Winkels mit dem Winkelsummensatz:

$$\beta = 180° - (\alpha + \gamma)$$

$\beta_1 \approx 180° - 105{,}8°$
$\beta_2 \approx 180° - 168{,}2°$
$\beta_1 \approx 74{,}2°$
$\beta_2 \approx 11{,}8°$

Berechnung der 3. Seite mit dem Sinussatz:

$$\frac{b}{\sin(\beta)} = \frac{a}{\sin(\alpha)}$$

$$b = \frac{a}{\sin(\alpha)} \cdot \sin(\beta)$$

$$b_1 \approx \frac{5{,}3}{\sin(47°)} \cdot \sin(74{,}2°)$$

$$b_2 \approx \frac{5{,}3}{\sin(47°)} \cdot \sin(11{,}8°)$$

$b_1 \approx 7{,}0\,\text{cm}$
$b_2 \approx 1{,}5\,\text{cm}$

Beide Winkel γ_1 und γ_2 sind Lösungen, da sowohl $\gamma_1 + \alpha$ als auch $\gamma_2 + \alpha$ kleiner als 180° sind.

Beispiel 6
Berechne die Seite b eines Vierecks ABCD (nebenstehende Figur) mit $a = 650\,\text{m}$; $d = 350\,\text{m}$; $c = 223\,\text{m}$; $\alpha = 105°$; $\delta = 112°$.
Lösung:
b lässt sich nicht direkt berechnen, denn b ist kein Stück eines Dreiecks, dessen fehlende Stücke man nach einem der Beispiele 1 bis 5 berechnen kann. Berechne zuerst e als Seite im Dreieck ACD nach sws.
Dann lässt sich b als Seite des Dreiecks ABC nach sws berechnen.

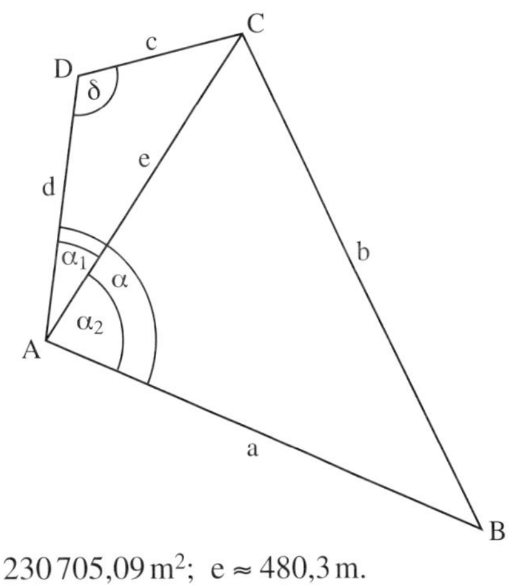

Berechnung von e mit dem Kosinussatz:
$e^2 = d^2 + c^2 - 2\,d\,c \cdot \cos(\delta)$
$e^2 = (350^2 + 223^2 - 2 \cdot 350 \cdot 223 \cdot \cos(112°))\,\text{m}^2 \approx 230\,705{,}09\,\text{m}^2$; $e \approx 480{,}3\,\text{m}$.
α_1 kann man mit dem Sinussatz bestimmen, denn $\delta > 90°$; also ist α_1 ein spitzer Winkel.

Berechnung von α_1: $\frac{\sin(\alpha_1)}{c} = \frac{\sin(\delta)}{e}$;

$\sin(\alpha_1) = \frac{\sin(\delta)}{e} \cdot c$; $\alpha_1 \approx 25{,}5°$.

$\alpha_2 = \alpha - \alpha_1 \approx 79{,}5°$.
Berechnung von b mit dem Kosinussatz:
$b^2 = a^2 + e^2 - 2\,a \cdot e \cdot \cos(\alpha_2)$; $b \approx 734\,\text{m}$.

6 Die trigonometrischen Funktionen auf ℝ

Eine Funktion f heißt **periodisch**, wenn es mindestens eine Zahl p gibt, sodass für alle reellen Zahlen x gilt: $f(x+p) = f(x)$.
Die kleinste positive Zahl p mit dieser Eigenschaft nennt man die **Periode** von f.

Beispiel 1
Die Figur rechts zeigt einen Ausschnitt aus dem Graphen einer periodischen Funktion. Bestimme die Periode.
Lösung:
Untersuche, durch welche Verschiebungen der Graph auf sich abgebildet wird. Die kürzeste Pfeillänge dieser Verschiebungen ist die Periode.
Die Funktion f hat die Periode 3,5.

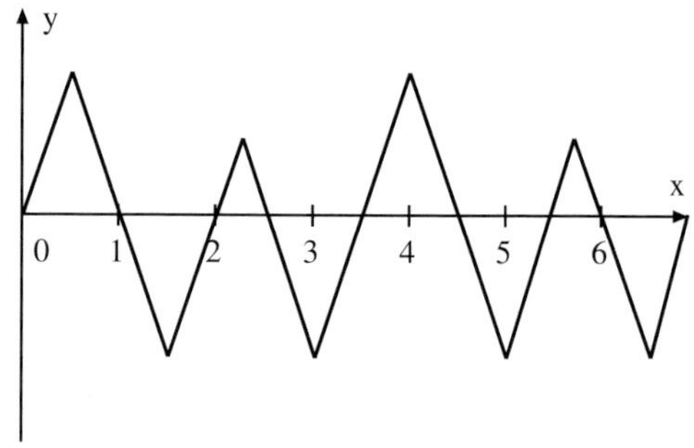

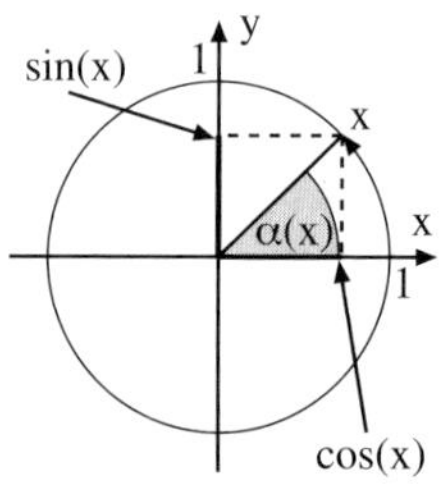

Die Funktion $x \mapsto \frac{x}{2\pi} \cdot 360° \mapsto \sin\left(\frac{x}{2\pi} \cdot 360°\right)$ lässt sich also als Funktion auffassen, die für alle reellen Zahlen definiert ist.

Fasst man jede reelle Zahl x als Bogenmaß eines Winkels auf, so werden hierdurch die Funktionen $\mathbf{x \mapsto \sin(x)}$ und $\mathbf{x \mapsto \cos(x)}$ für alle reellen Zahlen definiert.
Diese Funktionen haben die Periode 2π.

Die Funktion $\mathbf{x \mapsto \tan(x)}$ definiert man entsprechend für reelle Zahlen. Sie hat die Periode π.
Die so definierten Funktionen sin, cos und tan heißen **trigonometrische Funktionen**.

Mögliche Taschenrechneranzeige:

0,775397496
RAD

Auf den meisten Taschenrechnern ist eine Taste DEG oder eine Taste RAD, mit der man von einem Winkelmaß ins andere umstellen kann: vom Bogenmaß ins Gradmaß und umgekehrt.

Beispiel 2
Bestimme mit dem Taschenrechner auf 3 Stellen gerundete Näherungswerte für alle reellen Zahlen x mit $0 \leqq x \leqq 2\pi$.
a) $\sin(x) = 0{,}6$ b) $\cos(x) = -0{,}4$ c) $\tan(x) = 3$
Lösung:
Die Aufgabenstellung zeigt, dass im Bogenmaß gerechnet wird. Stelle daher den Taschenrechner auf das Bogenmaß um.
a) *Der Taschenrechner liefert die Näherungsläsung $x_1 \approx 0{,}644$ zwischen $-\frac{\pi}{2}$ und $\frac{\pi}{2}$.*
Dann ist auch $x_2 = \pi - x_1$ eine Näherungslösung.
$x_1 \approx 0{,}644$ und $x_2 \approx 2{,}498$.
b) *Der Taschenrechner liefert die Näherungslösung $x_1 \approx 1{,}982$ zwischen 0 und π.*
Dann ist auch $x_2 = 2\pi - x_1$ eine Näherungslösung.
$x_1 \approx 1{,}982$ und $x_2 \approx 4{,}300$.
c) *Der Taschenrechner liefert die Näherungsläsung $x_1 \approx 1{,}249$ zwischen $-\frac{\pi}{2}$ und $\frac{\pi}{2}$.*
Dann ist auch $x_2 = x_1 + \pi$ eine Näherungslösung.
$x_1 \approx 1{,}249$ und $x_2 \approx 4{,}391$.

7 Funktionen der Form $a \cdot \sin(bx - e)$

Wenn der Term von der Form $x \mapsto a \cdot \sin(bx - c)$ ist, formt man um in $x \mapsto a \cdot \sin\left(b\left(x - \frac{c}{b}\right)\right)$.

Den Graphen einer Funktion $f\colon x \mapsto a \cdot \sin(b(x - c))$ mit $b > 0$ kann man sich so aus dem Graphen der Funktion $x \mapsto \sin(x)$ entstanden denken:
(1) Strecken (oder Stauchen) in y-Richtung um den Faktor $|a|$,
denn $|a|$ ist der größte Funktionswert. Er wird **Amplitude** genannt.
Ist $a < 0$, muss noch an der y-Achse gespiegelt werden.
(2) Stauchen (oder Strecken) in x-Richtung um den Faktor b,
denn $\frac{2\pi}{b}$ ist die Periode der Funktion.
(3) Verschiebung des neuen Graphen um c nach rechts.
Man nennt c die **Phasenverschiebung**.

*Den Kehrwert der Periode $\nu = \frac{1}{T}$ nennt man die **Frequenz**; sie gibt die Anzahl der Schwingungsvorgänge pro Zeiteinheit an.*

In Physik und Technik gibt es viele zeitlich periodische Vorgänge, z. B. Schwingungen, die sich mithilfe von Funktionen der Form $x \mapsto a \cdot \sin(bx - e)$ beschreiben lassen. Man schreibt die Funktionen dann häufig in der Form $t \mapsto a\sin\left(\frac{2\pi}{T}t - e\right)$. In dieser Form ist die Periode T leicht ablesbar. Man nennt T dann auch die **Schwingungsdauer**.

Beispiel 1
Bestimme Amplitude und Periode der Funktion $f\colon x \mapsto \frac{3}{2}\sin(2x + \pi)$. Wie kann man sich den Graphen von f aus dem Graphen der Sinusfunktion entstanden denken? Zeichne den Graphen von f.
Lösung:
Forme den Funktionsterm um:
$\frac{3}{2}\sin(2x + \pi) = \frac{3}{2}\sin\left(2\left(x + \frac{\pi}{2}\right)\right)$
Die Amplitude ist $\frac{3}{2}$. Die Periode ist $\frac{2\pi}{2} = \pi$.
Den Graphen von f kann man jetzt leicht skizzieren, wenn man zwei benachbarte Nullstellen x_1 und x_2 kennt: Der Graph von f entsteht aus dem Graphen der Funktion $g\colon x \mapsto \frac{3}{2}\sin(2x)$ durch eine Verschiebung um $-\frac{\pi}{2}$ parallel zur x-Achse. Damit findet man: $x_1 = -\frac{\pi}{2}$ und $x_2 = -\frac{\pi}{2} + \frac{1}{2}\cdot\pi = 0$.

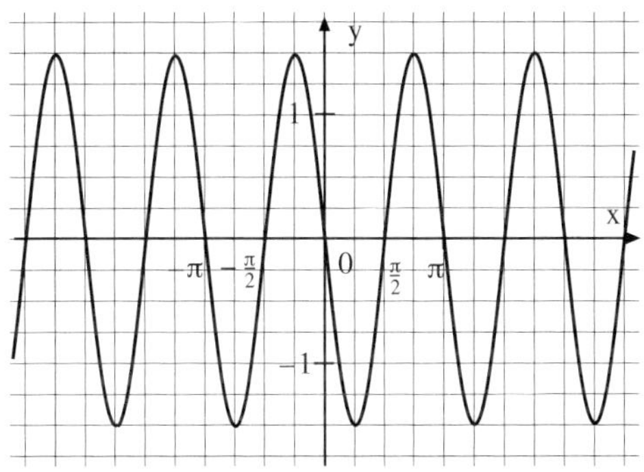

Bei einer Sinusfunktion ist der Abstand zweier benachbarter Nullstellen gleich einer halben Periodenlänge.

Beispiel 2
Die Figur rechts zeigt den Graphen einer Funktion der Form $x \mapsto a\sin(bx - e)$.
Gib einen Funktionsterm an.
Lösung:
Die Amplitude ist $\frac{3}{2}$, die Periode ist 3π. Der Graph schneidet die x-Achse mit Vorzeichenwechsel von – nach + bei $\frac{\pi}{2}$.
Also gilt: $f\colon x \mapsto \frac{3}{2}\cdot\sin\left(b\left(x - \frac{\pi}{2}\right)\right)$ und $\frac{2\pi}{b} = 3$. Hieraus erhält man $b = \frac{2\pi}{3\pi} = \frac{2}{3}$.
$f\colon x \mapsto \frac{3}{2}\sin\left(\frac{2}{3}\left(x - \frac{\pi}{2}\right)\right) = \frac{3}{2}\sin\left(\frac{2}{3}x - \frac{\pi}{3}\right)$.

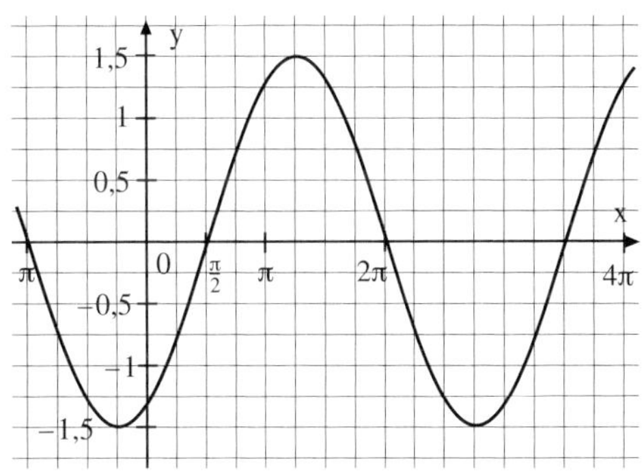

8 Trigonometrische Gleichungen

Obwohl man beim Lösen von Gleichungen meistens nur Näherungslösungen angeben kann, ist es bei Gleichungen üblich, in den Rechnungen überall nur das Gleichheitszeichen zu benutzen.

Gleichungen wie $\sin(x) = 0{,}5$ oder $2\cos^2(x) - \sin(x) = 1$ heißen **trigonometrische Gleichungen**. Die Beispiele zeigen, wie man einige dieser Gleichungen lösen kann.

Gleichungstyp:
$\sin(ax + b) = c$ oder $\cos(ax + b) = c$ oder $\tan(ax + b) = c$
Lösungsstrategie:
Substitution: $z = ax + b$

Beispiel 1
Bestimme die Lösungsmenge: $\cos(3x + 1) = -0{,}6$.
Lösung:
$\cos(3x + 1) = -0{,}6 \quad |$ Substitution $z = 3x + 1$
Neue Gleichung: $\cos(z) = -0{,}6$.
Diese Gleichung hat zwei Lösungen im Intervall $[0; 2\pi]$, vgl. Seite 51.
1. Lösung mit dem Taschenrechner: $z_1 \approx 2{,}214$; 2. Lösung $z_2 = 2\pi - z_1 \approx 4{,}069$
Die Kosinusfunktion hat die Periode 2π.
Alle Lösungen für z sind: $z \approx 2{,}214 + 2k\pi$ bzw. $z \approx 4{,}069 + 2k\pi$ mit k aus $\mathbb{Z}$.
Mache die Substitution rückgängig: $3x = z - 1$; $x = \frac{z-1}{3}$
$L = \left\{x \mid x \approx 0{,}4047 + \frac{2}{3}k\cdot\pi \text{ oder } x \approx 1{,}023 + \frac{2}{3}k\cdot\pi,\ k \in \mathbb{Z}\right\}$.

Gleichungstyp:
$c\cdot\sin(ax + b) = d\cdot\cos(ax + b)$
Lösungsstrategie:
Dividieren durch $\cos(ax + b)$. So erhältst du eine Gleichung, in der nur noch die Funktion tan auftritt.

Beispiel 2
Bestimme die Lösungsmenge: $\cos(3x) = 5\sin(3x)$.
Lösung:
Wenn x eine Lösung der Gleichung mit $\cos(3x) = 0$ wäre, müsste auch $\sin(3x) = 0$ sein. Die Funktionen sin und cos haben aber keine gemeinsamen Nullstellen. Also kann man „beide Seiten der Gleichung durch $\cos(3x)$ dividieren".
$\cos(3x) = 5\sin(3x) \quad | : \cos(3x)$
$1 = 5\tan(3x) \quad | : 5$
$\tan(3x) = \frac{1}{5}$ *Löse diese Gleichung. Gehe wie in Beispiel 1 vor.*
Die Tangensfunktion hat die Periode π.
$3x \approx 0{,}197 + k\pi$. $L = \left\{x \mid x \approx 0{,}066 + k\frac{\pi}{3};\ k \in \mathbb{Z}\right\}$

Gleichungstyp:
$\sin(ax + b) + \sin(cx + d) = 0$ oder $\cos(ax + b) + \cos(cx + d) = 0$
Lösungsstrategie:
Wende die Additionssätze an. Du erhältst entweder eine Gleichung der Form $\sin(ex + f)\cos(gx + h) = 0$ oder $\cos(jx + k)\cos(lx + m) = 0$. Setze die einzelnen Faktoren gleich Null.

Beispiel 3
Bestimme die Lösungsmenge: a) $\sin(3x + 1) + \sin(2x - 4) = 0$
b) $\cos(2x) + \cos(3x) = 0$
Lösung:
a) *Wende die Gleichung $\sin(\alpha) + \sin(\beta) = 2\sin\left(\frac{\alpha+\beta}{2}\right)\cos\left(\frac{\alpha-\beta}{2}\right)$ an (vgl. Additionssätze).*
$2\sin\left(\frac{3x+1+2x-4}{2}\right)\cos\left(\frac{(3x+1)-(2x-4)}{2}\right) = 0$
$2\sin\left(\frac{5x-3}{2}\right)\cos\left(\frac{x+5}{2}\right) = 0$ *Ein Produkt ist Null, wenn einer der Faktoren Null ist.*
1. Fall: $\sin\left(\frac{5x-3}{2}\right) = 0$, d.h. $\frac{5x-3}{2} = k\pi$ mit einer ganzen Zahl k. Also $x = \frac{2k\pi+3}{5}$.
2. Fall: $\cos\left(\frac{x+5}{2}\right) = 0$, d.h. $\frac{x+5}{2} = \frac{\pi}{2} + k\pi$ mit $k \in \mathbb{Z}$. Also $x = \pi(1 + 2k) - 5$.
$L = \left\{x \mid x = \frac{2k\pi+3}{5} \text{ oder } x = \pi(1 + 2k) - 5 \text{ mit } k \in \mathbb{Z}\right\}$
b) *Wende die Gleichung $\cos(\alpha) + \cos(\beta) = 2\cos\left(\frac{\alpha+\beta}{2}\right)\cos\left(\frac{\alpha-\beta}{2}\right)$ an.*
$2\cos\left(\frac{2x+3x}{2}\right)\cos\left(\frac{2x-3x}{2}\right) = 0$
1. Fall: $\cos\left(\frac{5x}{2}\right) = 0$, d.h. $\frac{5x}{2} = \frac{\pi}{2} + k\pi$ mit $k \in \mathbb{Z}$. Also $x = \frac{2}{5}\pi(1 + 2k)$.
2. Fall: $\cos\left(\frac{-x}{2}\right) = 0$, d.h. $\frac{-x}{2} = \frac{\pi}{2} + k\pi$ mit $k \in \mathbb{Z}$. Also $x = -\pi(1 + 2k)$.

> ***Gleichungstyp:***
> *Es tritt nur eine trigonometrische Funktion f auf, diese aber quadratisch.*
> ***Lösungsstrategie:***
> *Substitution: $z = f(x)$*

Beispiel 4

Bestimme die Lösungen der Gleichung im Intervall $[0;\ 2\pi]$: $\cos^2(x) + 11\cos(x) = 12$.

Lösung:

$\cos^2(x) + 11\cos(x) = 12$ | Substitution $z = \cos(x)$

Neue Gleichung: $z^2 + 11z = 12$

Lösungen: $z_1 = 1$ und $z_3 = -12$ — *Substitution rückgängig machen*

$\cos(x) = 1$ oder $\cos(x) = -12$ — *Die letzte Gleichung hat keine Lösung.*

Also $x = 0$. $L = \{0\}$

> ***Gleichungstyp:***
> *$a \cdot \sin(bx + c) + d \cdot \cos(ex + f) + g = 0$*
> ***Lösungsstrategie:***
> *Löse nach einer trigonometrischen Funktion auf. Quadriere die Gleichung. Ersetze $\cos^2$ durch $1 - \sin^2$ (oder umgekehrt). Du erhältst eine Gleichung, in der nur noch eine trigonometrische Funktion vorkommt.*
> ***Eine Probe mit den exakten Funktionswerten ist hier unbedingt erforderlich!***

Beispiel 5

Bestimme die Lösungen der Gleichung im Intervall $[0;\ 2\pi]$: $4\cos(x) - 5\sin(x) + 4 = 0$

Lösung:

$4\cos(x) - 5\sin(x) + 4 = 0$ | $+5\sin(x)$ — *Löse nach $\sin(x)$ oder $\cos(x)$ auf.*

$4\cos(x) + 4 = 5\sin(x)$ | quadrieren — *Danach ist eine Probe notwendig.*

$16\cos^2(x) + 32\cos(x) + 16 = 25\sin^2(x)$ — *Ersetze $\sin^2(x)$ durch $1 - \cos^2(x)$.*

$16\cos^2(x) + 32\cos(x) + 16 = 25 - 25\cos^2(x)$ — *Löse diese Gleichung wie in Beispiel 4.*

Man erhält: $\cos(x) = -1$ oder $\cos(x) = \frac{9}{41}$.

Probe für die Funktionswerte:

Die Probe muss mit den exakten Werten für $\sin(x)$ und $\cos(x)$ durchgeführt werden und nicht mit Näherungswerten für x.

1. Fall: $\cos(x) = -1$. Dann gilt $\sin(x) = 0$, denn $4 \cdot (-1) - 5 \cdot 0 + 4 = 0$.

2. Fall: $\cos(x) = \frac{9}{41}$. Dann gilt $|\sin(x)| = \sqrt{1 - \cos^2(x)} = \sqrt{\frac{1600}{1681}} = \frac{40}{41}$.

Probe für $\cos(x) = \frac{9}{41}$ und $\sin(x) = \frac{40}{41}$: $4\left(\frac{9}{41}\right) - 5\left(\frac{40}{41}\right) + 4 = 0$

Probe für $\cos(x) = \frac{9}{41}$ und $\sin(x) = -\frac{40}{41}$: $4\left(\frac{9}{41}\right) - 5\left(-\frac{40}{41}\right) + 4 > 0$

1. Fall: $\cos(x) = -1$ hat die Lösung $x_1 = \pi$.

2. Fall: Für $\cos(x) = \frac{9}{41}$ liefert der Taschenrechner die Lösung $x_2 = 1{,}349$.

Es gilt $\sin(x_2) > 0$ und x_2 liegt im Intervall $[0;\ 2\pi]$. Eine weitere Lösung x zwischen 0 und 2π mit $\sin(x) > 0$ und $\cos(x) > 0$ gibt es nicht.

$L = \{\pi;\ 1{,}349\}$

> ***Gleichungstyp:***
> *In der Gleichung tritt eine der Funktionen sin oder cos zusammen mit der Tangensfunktion auf.*
> ***Lösungsstrategie:***
> *Ersetze tan durch $\frac{\sin}{\cos}$. Du erhältst eine Bruchgleichung, in der nur noch die Funktionen sin oder cos vorkommen.*

Beispiel 6

Gib alle Lösungen im Intervall $[0;\ 2\pi]$ für $3\cos(x) + \tan(x) = 0$ an.

Lösung:

$3\cos(x) + \tan(x) = 0$ — *Ersetze $\tan(x)$ durch $\frac{\sin(x)}{\cos(x)}$*

$3\cos(x) + \frac{\sin(x)}{\cos(x)} = 0$ — *Bringe auf den Hauptnenner.*

$\frac{3\cos^2(x) + \sin(x)}{\cos(x)} = 0$ — *Löse die Bruchgleichung durch „Vergleich mit 0".*

$3\cos^2(x) + \sin(x) = 0$ und $\cos(x) \neq 0$. — *Ersetze $\cos^2(x)$ durch $1 - \sin^2(x)$.*

$3 - 3\sin^2(x) + \sin(x) = 0$ | Substitution $z = \sin(x)$

Neue Gleichung $3 - 3z^2 + z = 0$

Lösungen: $z_1 = \frac{1 + \sqrt{37}}{6}$ und $z_2 = \frac{1 - \sqrt{37}}{6}$ — *Substitution rückgängig machen.*

$\sin(x) = \frac{1 + \sqrt{37}}{6}$ oder $\sin(x) = \frac{1 - \sqrt{37}}{6}$ — *Die erste Gleichung hat keine Lösung.*

Für $\sin(x) = \frac{1 - \sqrt{37}}{6}$ liefert der Taschenrechner die Lösung $x_0 \approx -1{,}011$. Dann sind $x_1 = 2\pi + x_0 = 5{,}273$ und $x_2 = \pi - x_0 = 4{,}152$ Lösungen im Intervall $[0;\ 2\pi]$.

Es gilt $\cos(x_1) \neq 0$ und $\cos(x_2) \neq 0$. $L = \{4{,}152;\ 5{,}273\}$

XIII Wahrscheinlichkeitsrechnung

1 Kombinatorik

> Will man nacheinander aus $m_1, m_2, \ldots, m_k$ Objekten jeweils eines auswählen, so gibt es insgesamt $m_1 \cdot m_2 \cdot m_3 \cdot \ldots \cdot m_k$ Möglichkeiten.

Man will n Objekte in einer Reihe mit n Plätzen anordnen. Dann hat man $n \cdot (n-1) \cdot (n-2) \cdot \ldots \cdot 2 \cdot 1 = \mathbf{n!}$ (sprich: **n Fakultät**) mögliche Anordnungen.

Beispiel 1
Wie groß ist die Anzahl der Möglichkeiten
a) ein Auto einer Modellreihe auszuwählen, das in 6 Farben, 4 Motorvarianten und 3 Ausstattungsvarianten angeboten wird?
b) 10 verschiedene Bücher in einer Reihe anzuordnen?
Lösung:
a) $6 \cdot 4 \cdot 3 = 72$ b) $10! = 3\,628\,800$

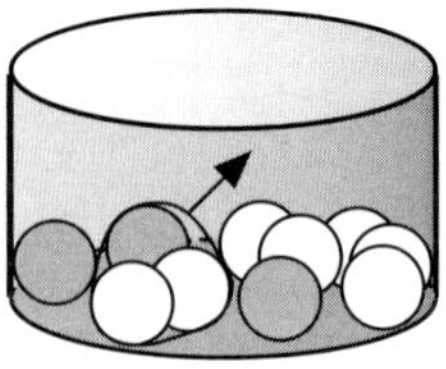
n = 10; k = 3

> Es gibt $\dfrac{\overbrace{n \cdot (n-1) \cdot (n-2) \cdot \ldots \cdot (n-k+1)}^{\text{k Faktoren}}}{1 \cdot 2 \cdot 3 \cdot 4 \cdot \ldots \cdot k}$ mögliche Ergebnisse, k Objekte aus n Objekten ungeordnet auszuwählen. Dafür schreibt man auch kurz $\binom{n}{k}$.

Um $\binom{n}{k}$ zu berechnen, kann man auch die Formel $\binom{n}{k} = \frac{n!}{(n-k)! \cdot k!}$ verwenden.
$\binom{n}{k}$ heißt **Binomialkoeffizient**.

Beispiel 2
In einer Urne befinden sich zwei Sorten Kugeln, vier rote und sechs weiße. Bestimme die Wahrscheinlichkeit dafür, dass man beim Ziehen mit einem Griff zwei rote und drei weiße Kugeln zieht.
Lösung:
Bestimmung der Anzahl aller möglichen Ergebnisse:
Es sollen „5 Objekte aus 10 Objekten" ungeordnet ausgewählt werden. $\binom{10}{5} = 252$.
Bestimmung der Anzahl aller günstigen Ergebnisse:
Es sollen „2 rote aus 4 roten Kugeln " und „3 weiße aus 6 weißen Kugeln" gezogen werden:
$\binom{4}{2} = 6$ und $\binom{6}{3} = 20$; insgesamt $6 \cdot 20 = 120$.
Also: $P(\text{zwei rote/drei weiße}) = \frac{120}{252} = \frac{10}{21} \approx 0{,}48$.

Beispiel 3
Wie groß ist die Wahrscheinlichkeit, im Lotto „6 aus 49" drei Richtige zu tippen?
Lösung:
Bestimmung der Anzahl der möglichen Ergebnisse: $\binom{49}{6} = 13\,983\,816$.
Bestimmung der Anzahl „günstiger" Ergebnisse:
Man wählt „3 aus 6" richtigen Zahlen **und** „3 aus 44" falschen Zahlen.
Bestimmung der Wahrscheinlichkeit: $P = \dfrac{\binom{6}{3} \cdot \binom{44}{3}}{13\,983\,816} = \dfrac{20 \cdot 13\,244}{13\,983\,816} \approx 0{,}02$.

2 Bernoulli-Experiment – Bernoulli-Ketten – Binomialverteilung

Ein Zufallsexperiment, bei dem nur zwei Ereignisse (z. B. Erfolg oder Misserfolg) eintreten können, nennt man **Bernoulli-Experiment**. Wird ein Bernoulli-Experiment mehrfach, z. B. 12-mal, wiederholt und ändert sich die Wahrscheinlichkeit für „Erfolg" oder „Misserfolg" nicht, so spricht man von einer **Bernoulli-Kette**. Bei einer Bernoulli-Kette ist interessant, mit welcher Wahrscheinlichkeit z. B. 7-mal „Erfolg" beobachtet werden kann.

Wahrscheinlichkeit bei Bernoulli-Ketten
Ein Bernoulli-Experiment wird n-mal ausgeführt, das Ergebnis e hat stets die Wahrscheinlichkeit p (Bernoulli-Kette).
Dann ist die Wahrscheinlichkeit dafür, dass e genau k-mal auftritt:

$$P(\text{k-mal } e) = \binom{n}{k} \cdot p^k \cdot (1-p)^{n-k} \quad (0 \leqq k \leqq n)$$

Die Verteilung der Wahrscheinlichkeiten bei Bernoulli-Experimenten hängt im Wesentlichen von den **Binomialkoeffizienten** $\binom{n}{k}$ ab. Man spricht daher von einer **Binomialverteilung**.

$p(\text{Treffer} = „6") = \frac{1}{6}$

Beispiel 1
Ein Spielwürfel wird viermal geworfen. Wie groß ist die Wahrscheinlichkeit, dass die „Sechs" genau dreimal auftritt?
Lösung:
Es handelt sich um ein Bernoulli-Experiment mit den Ergebnissen „Sechs" und „keine Sechs". Die Wahrscheinlichkeit für „Sechs" beträgt $\frac{1}{6}$. Das Experiment wird viermal durchgeführt (Bernoulli-Kette der Länge 4), die „Sechs" soll genau dreimal auftreten (k = 3).

$P(\text{3-mal „Sechs"}) = \binom{4}{3}\left(\frac{1}{6}\right)^3\left(\frac{5}{6}\right)^{4-3} = \frac{4\cdot 3\cdot 2}{1\cdot 2\cdot 3}\cdot\frac{1}{6^3}\cdot\frac{5}{6} = \frac{20}{1296} \approx 0{,}015 = 1{,}5\,\%.$

Beispiel 2
Ein Sportschütze trifft mit einer Wahrscheinlichkeit von $\frac{3}{5}$ ins „Schwarze".
a) Mit welcher Wahrscheinlichkeit trifft er bei 5 Schüssen mindestens viermal?
b) Mit welcher Wahrscheinlichkeit trifft er bei 10 Schüssen mindestens zweimal?
c) Mit welcher Wahrscheinlichkeit trifft er bei 10 Schüssen höchstens zweimal?
Lösung:
a) *Es ist eine Bernoulli-Kette der Länge 5. „Mindestens 4 Treffer" bedeutet: „4 oder 5 Treffer".*

4 Treffer: $P = \binom{5}{3}\cdot\left(\frac{3}{5}\right)^4\cdot\left(\frac{2}{5}\right)^{5-4} = \frac{5\cdot 4\cdot 3\cdot 2}{1\cdot 2\cdot 3\cdot 4}\cdot\frac{3^4}{5^4}\cdot\frac{2}{5} = \frac{162}{625} = 0{,}2592$

5 Treffer: $P = \left(\frac{3}{5}\right)^5 = \frac{243}{3125} = 0{,}077\,76$

Mindestens 4 Treffer: $P = 0{,}2592 + 0{,}077\,76 = 0{,}336\,96 \approx 0{,}337 = 33{,}7\,\%.$

b) *„Mindestens 2 Treffer" bedeutet: „2, 3, 4, 5, 6, 7, 8, 9 oder 10 Treffer". Hier ist es günstig, „mindestens 2 Treffer" als Gegenteil von „1 oder keinen Treffer" aufzufassen.*

Kein Treffer: $P = \left(\frac{2}{5}\right)^{10} = \frac{1024}{9\,765\,625} \approx 0{,}0001$

1 Treffer: $P = \binom{10}{1}\cdot\left(\frac{3}{5}\right)\cdot\left(\frac{2}{5}\right)^9 = 10\cdot\frac{3}{5}\cdot\frac{512}{1\,953\,125} = \frac{15\,360}{9\,765\,625} \approx 0{,}0016$

Mindestens 2 Treffer: $P = 1 - 0{,}0001 - 0{,}0016 = 0{,}9983 \approx 0{,}998 = 99{,}8\,\%$

c) *„Höchstens 2 Treffer" bedeutet „2 oder einen oder keinen Treffer".*

$P \approx P(\text{2 Treffer}) + 0{,}0016 + 0{,}0001 = \binom{10}{2}\cdot\left(\frac{3}{5}\right)^2\cdot\left(\frac{2}{5}\right)^8 + 0{,}0017 = 0{,}0123 \approx 1{,}2\,\%.$

3 Die Regel von Bayes

Wenn ein Indiz durch eine Alternative wahrscheinlicher hervorgerufen wird als durch die anderen, dann spricht die Beobachtung dieses Indizes eher für das Vorliegen dieser Alternative. Das Indiz stützt diese Alternative.

In manchen Situationen ist man unsicher, da verschiedene Alternativen möglich sind. Um Gewissheit zu bekommen, ordnet man diesen Alternativen **Wahrscheinlichkeiten** zu.
Um die Unsicherheit zu reduzieren, sammelt man Informationen (**„Indizien“**), die meist verschieden stark für die einzelnen Alternativen sprechen. Man wird veranlasst, die Wahrscheinlichkeiten zu **überdenken** und **abzuändern**. Die Wahrscheinlichkeiten, die man den Alternativen am Anfang zuordnet, heißen **a-priori-Wahrscheinlichkeiten**, die infolge von Beobachtungen geänderten Wahrscheinlichkeiten nennt man **a-posteriori-Wahrscheinlichkeiten**.

Regel von Bayes: Man erhält die a-posteriori-Wahrscheinlichkeit einer Alternative, indem man die Wahrscheinlichkeit, dass die Alternative zutrifft und das Indiz auftritt, durch die Wahrscheinlichkeit des Auftretens des Indizes teilt.

$$\text{a-posteriori-Wahrscheinlichkeit einer Alternative} = \frac{\text{Wahrscheinlichkeit des zugehörigen Pfades}}{\text{totale Wahrscheinlichkeit des Indizes}}$$

Beispiel

Auf einen Test reagieren 99 % aller an einer bestimmten Krankheit Erkrankten positiv, aber auch 3 % aller Nichterkrankten. Nimm an, dass zur Zeit 0,1 % aller Bundesbürger diese Krankheit haben. Frau Meier unterzieht sich bei einer Reihenuntersuchung diesem Test. Er ist positiv.

a) Wie groß ist die Wahrscheinlichkeit, dass Frau Meier zu den Erkrankten gehört?

b) Frau Meier wiederholt den Test. Jetzt ist das Ergebnis negativ. Wie groß ist die Wahrscheinlichkeit einer Erkrankung nun?

Lösung:

Zur Berechnung der a-posteriori-Wahrscheinlichkeiten benötigt man nur die Wahrscheinlichkeiten dafür, dass das beobachtete Indiz tatsächlich auftritt, daher zeichnet man einen „verkürzten“ Baum, in dem nur die Wege zum Indiz eingezeichnet sind.

a)

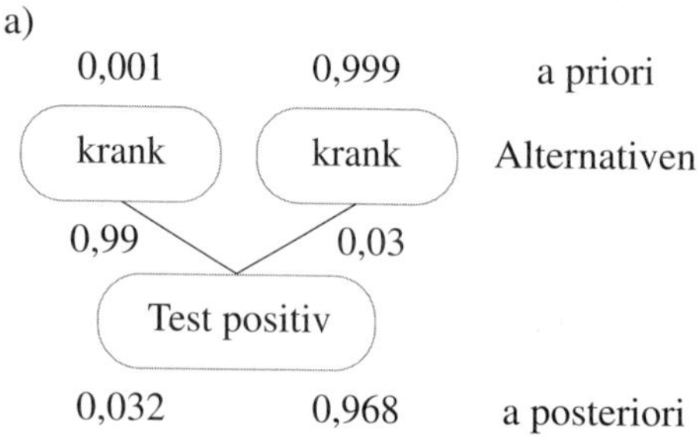

Wahrscheinlichkeiten der Pfade zum Indiz:
über „erkrankt“: $0{,}001 \cdot 0{,}09 = 0{,}000\,99$
über „nicht erkrankt“: $0{,}999 \cdot 0{,}03 = 0{,}029\,97$
Summe: $0{,}030\,96$
a-posteriori-Wahrscheinlichkeiten:
Alternative „erkrankt“:
$0{,}000\,99 : 0{,}030\,96 \approx 0{,}032 = 3{,}2\,\%$
Alternative „nicht erkrankt“:
$0{,}029\,97 : 0{,}030\,96 \approx 0{,}968 = 96{,}8\,\%$

Die a-posteriori-Wahrscheinlichkeit, dass Frau Meier erkrankt ist, beträgt 3,2 %.

b) *Fasse das Indiz „positiv-negativ“ als zweistufiges Indiz auf.*

zu b)
Lösung 2:
Verwende die Regel von Bayes zweimal nacheinander, wobei die a-posteriori-Wahrscheinlichkeiten nach dem ersten Schritt (also die Ergebnisse von a) die a-priori-Wahrscheinlichkeiten des zweiten Schritts sind.

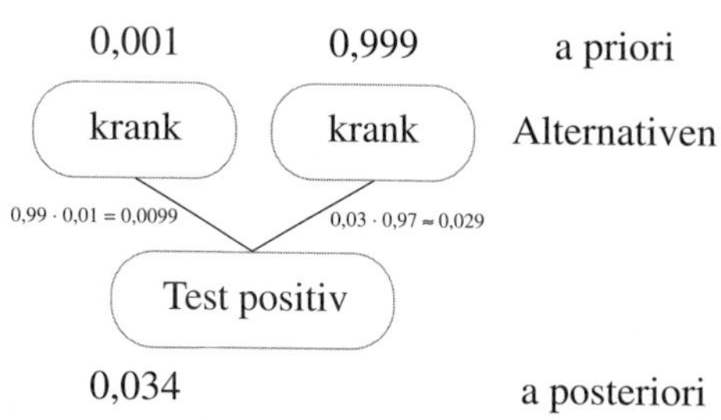

Wahrscheinlichkeiten der Pfade zum Indiz:
über „erkrankt“:
$0{,}001 \cdot 0{,}0099 = 0{,}000\,009\,9$
über „nicht erkrankt“:
$0{,}999 \cdot 0{,}029 \approx 0{,}0029$
Summe: $\approx 0{,}0029$
a-posteriori-Wahrscheinlichkeit für die Alternative „erkrankt“:
$0{,}000\,009\,9 : 0{,}0029 \approx 0{,}0034 = 0{,}34\,\%$
Nach diesem Test beträgt die Wahrscheinlichkeit nur noch 0,34 %.

4 Das $\frac{1}{\sqrt{n}}$-Gesetz

__Zur Erinnerung:__
*Zeigt bei 100-maligem Wurf eine Münze 47-mal Kopf, so nennt man die Zahl 47 die **absolute Häufigkeit**, mit der das Ergebnis „Kopf" auftritt.*
*Den Anteil $\frac{47}{100}$ (absolute Häufigkeit : Gesamtzahl der Würfe) nennt man **relative Häufigkeit**.*

Betrachtet werden Zufallsversuche mit nur zwei möglichen Ausgängen, die jeweils die Wahrscheinlichkeit 0,5 haben (z. B. Münzwurf).

a) Je größer die Versuchszahl ist, desto größer ist die Wahrscheinlichkeit, mit der die relativen Häufigkeiten in einem **vorgegebenen Intervall** um 0,5 liegen.
b) Je größer die Versuchszahl ist, desto kleiner ist das Intervall um den Mittelpunkt 0,5, in dem die relativen Häufigkeiten mit einer vorgegebenen Wahrscheinlichkeit liegen.

$\frac{1}{\sqrt{n}}$-Gesetz: Die Wahrscheinlichkeit, dass bei n Münzwürfen die relative Häufigkeit für Kopf im Intervall $\left[0{,}5 - \frac{1}{\sqrt{n}};\ 0{,}5 + \frac{1}{\sqrt{n}}\right]$ liegt, beträgt ungefähr 96 %;
die Wahrscheinlichkeit, dass sie in $\left[0{,}5 - \frac{1}{2\sqrt{n}};\ 0{,}5 + \frac{1}{2\sqrt{n}}\right]$ liegt, beträgt ungefähr 69 %.

Das $\frac{1}{\sqrt{n}}$-Gesetz ist eine **Faustregel** für „hinreichend große" Versuchszahlen n. Die Wahrscheinlichkeitsangaben 96 % und 69 % gelten nur näherungsweise. $\boldsymbol{\sigma = \frac{1}{2\sqrt{n}}}$ heißt **Standardabweichung**.

*Das 96 %-Intervall $\left[0{,}5 - \frac{1}{\sqrt{n}};\ 0{,}5 + \frac{1}{\sqrt{n}}\right] = [0{,}5 - 2\sigma;\ 0{,}5 + 2\sigma]$ heißt auch **2σ-Intervall**; das 69 %-Intervall heißt auch **1σ-Intervall**.*

*Häufigkeiten, die nicht im 2σ-Intervall liefen, treten bei normalen Münzen nur mit ca. 4 % Wahrscheinlichkeit auf. Man bezeichnet sie als **ungewöhnlich**.*

Beispiel 1

a) Man wirft eine Münze 150-mal. Zwischen welchen Werten wird die **relative** Häufigkeit für Kopf mit ca. 96%iger Wahrscheinlichkeit liegen?
b) Man wirft eine Münze 80-mal. Zwischen welchen Werten wird die **absolute** Häufigkeit für die Seite Kopf mit 69%iger Sicherheit liegen?
c) Wie oft muss man eine Münze werfen, damit die relative Häufigkeit der Seite Kopf mit ca. 96%iger Wahrscheinlichkeit im Intervall [0,49; 0,51] liegt?
d) Bei 135 Würfen zeigt eine Münze 52-mal die Kopfseite. Handelt es sich um ein ungewöhnliches Ergebnis?

Lösung:

a) *Der Radius des Intervalls beträgt* $2\sigma = \frac{1}{\sqrt{150}} \approx 0{,}082$.
Die relative Häufigkeit aus 150 Münzwürfen liegt mit ca. 96%iger Wahrscheinlichkeit im Intervall [0,418; 0,582].

b) *Das 69 %-Intervall der relativen Häufigkeiten beträgt*
$\left[0{,}5 - \frac{1}{2\sqrt{80}};\ 0{,}5 + \frac{1}{2\sqrt{80}}\right] \approx [0{,}444;\ 0{,}556]$. *Multipliziere mit der Versuchszahl 80.*
Das 69 %-Intervall der absoluten Häufigkeiten ist [35; 44].

c) Der Radius des Intervalls beträgt 0,01. $\frac{1}{\sqrt{n}} = 0{,}01$ | Kehrwert $\sqrt{n} = 100$ | quadrieren
n = 10 000. Man muss die Münze 10 000-mal werfen.

d) Der Radius des 96 %-Intervalls beträgt $2\sigma = \frac{1}{\sqrt{135}} \approx 0{,}086$. Die relative Häufigkeit ist $\frac{52}{135} \approx 0{,}385$. Die relative Häufigkeit liegt nicht im 2σ (96 %)-Intervall [0,414; 0,586].
Es handelt sich um ein ungewöhnliches Versuchsergebnis.

Register